高等院校土建专业互联网+新形态创新系列教材

U0187404

结构设计软件应用——PKPM
（微课版）

陈占锋　向　娟　王肖巍　主　编

清华大学出版社

北京

内 容 简 介

本书根据作者长期从事结构设计软件 PKPM 教学及工程实践的经验，以实际工程案例为单元，以知识讲解为衬托，抓住 PKPM 中的 PMCAD(建立模型)、SATWE(分析计算)、JCCAD(基础设计)这三个关键作为主线，从结构构件布置、荷载选取、结构计算与分析、基础设计、结构施工图设计等方面，向读者详细介绍了一个完整的框架结构工程的全部设计过程。在本书的编写过程中，采用规范条文、设计方法、软件操作和设计示例四个方面相互结合，设计原理和 PKPM 操作顺序展开，实现了由易到难、操作与示例同存的模式。全书共分 9 章，涵盖了 PKPM 结构设计软件中最重要和最实用的部分。本书注重讲述如何用结构专业知识将一个建筑方案变成可以实施的结构施工图的过程，同时介绍了探索者 TSSD 系列结构设计软件和 PKPM-PC 装配式建筑设计软件，比较全面地回答了软件在工程设计应用中的常见问题。

本书结构合理，语言通俗，图文并茂，易教易学，不仅可以作为软件初学者和高等院校土木工程专业师生的教材，也可供广大建筑结构工程设计人员参考使用，还适用于不同层次的结构专业读者阅读。

图书在版编目(CIP)数据

结构设计软件应用：PKPM: 微课版/陈占锋，向娟，王肖巍主编. —北京：清华大学出版社，2022.12
高等院校土建专业互联网+新形态创新系列教材
ISBN 978-7-302-62177-5

Ⅰ. Ⅰ. ①结… Ⅱ. ①陈… ②向… ③王… Ⅲ. ①建筑结构—计算机辅助设计—应用软件—高等学校—教材 Ⅳ. ①TU311.41

中国版本图书馆 CIP 数据核字(2022)第 214338 号

责任编辑：石 伟
装帧设计：刘孝琼
责任校对：徐彩虹
责任印制：沈 露

出版发行：清华大学出版社
网   址：http://www.tup.com.cn, http://www.wqbook.com
地   址：北京清华大学学研大厦 A 座   邮   编：100084
社 总 机：010-83470000   邮   购：010-62786544
投稿与读者服务：010-62776969, c-service@tup.tsinghua.edu.cn
质量反馈：010-62772015, zhiliang@tup.tsinghua.edu.cn
课件下载：http://www.tup.com.cn, 010-62791865

印 装 者：北京嘉实印刷有限公司
经   销：全国新华书店
开   本：185mm×260mm   印 张：15.75   字 数：375 千字
版   次：2022 年 12 月第 1 版   印 次：2022 年 12 月第 1 次印刷
定   价：49.00 元

产品编号：094365-01

前　言

随着计算机技术的发展，运用计算机帮助工程设计人员进行工程设计，不仅让更多的人可以轻松地踏入设计行业，还加快了设计行业的发展。虽然我国运用 CAD 技术进行工程设计起步相对较晚，但大量的设计应用软件在设计、教学、科研、施工等单位得到了广泛应用。

在诸多工程设计软件中，由中国建筑科学研究院推出的 PKPM 结构系列软件日益完善，涵盖了结构设计的各个方面，现已成为国内相关领域应用最普遍的 CAD 系统。它紧跟行业需求和规范更新，不断地推出对行业产生巨大影响的软件产品，成为国内最有影响力的结构设计软件。

PKPM 系列软件是一套应用广泛的集建筑、结构、设备、概预算及施工为一体的集成系统软件，采用独特的人机交互输入方式和计算数据自动生成技术，自动计算结构自重，自动传导恒荷载、活荷载和风荷载，在这些工作的基础上自动完成内力分析、配筋计算等并生成各种计算数据。基础程序可自动地与上部结构的平面布置信息及荷载数据相结合，完成基础的计算设计。

本书将专业知识与实际应用实例相结合，为了使教学人员和学生能尽快地掌握 PKPM 结构系列软件的应用技巧，作者根据自己的设计经验和软件应用经验，循序渐进地对 PKPM 结构系列软件进行了系统介绍。本书共分为 9 章，主要内容为绪论、PMCAD(结构平面辅助设计)软件介绍、SATWE(结构空间有限元分析设计软件介绍、混凝土施工图、JCCAD 基础工程辅助设计)软件介绍、LTCAD(楼梯辅助设计)软件介绍、探索者 TSSD 系列结构设计软件简介、PKPM-PC(装配式建筑设计)软件简介及 PKPM 结构设计软件常见问题解答，并附有实际工程完整的计算书和施工图。

本书由陈占锋、向娟、王肖巍担任主编。

具体编写分工如下：陈占锋(编写第 1 章、第 2 章、第 7 章、第 8 章)；向娟(编写第 4 章、第 5 章、附录 A、附录 D)；王肖巍(编写第 3 章、第 6 章、第 9 章、附录 B、附录 C)。

全书由陈占锋统稿，由中南大学蒋青青教授、中冶长天国际工程有限责任公司唐振高级工程师担任本书主审，并对本书的编写提出了许多宝贵意见，特致谢意。

本书语言简练、内容完整、实用性强、实例丰富，适合本科、大专院校土木工程专业高年级学生、建筑结构设计人员及 PKPM 软件的初学者参考使用。

由于编者水平有限，书中难免存在遗漏或不足之处，恳请专家和广大读者多提宝贵意见，编者不胜感谢。

编　者

目 录

习题案例答案及
课件获取方式

第 1 章　绪论

※ 【内容提要】

本章主要内容包括：结构设计基本条件、结构设计软件概述、结构设计软件 PKPM 的主要步骤以及课程特点与学习方法。

※ 【能力要求】

通过对本章内容的学习，学生应了解结构设计的规范、规程、标准和图集；结构设计与建筑、设备专业的相互关系；结构设计的内容；了解结构设计的各种软件；掌握 PKPM 软件的主要设计步骤；了解本课程的特点与学习方法。

1.1 结构设计基本条件

1.1.1 结构设计的规范、规程、标准和图集

在进行结构设计时，应该熟悉和掌握的基本规范、规程、标准和图集主要有以下几方面。

(1) 《建筑结构可靠性设计统一标准》(GB 50068—2018)。

(2) 《建筑结构荷载规范》(GB 50009—2012)。

(3) 《建筑工程抗震设防分类标准》(GB 50223—2008)。

(4) 《混凝土结构设计规范(2015 年版)》(GB 50010—2010)。

(5) 《建筑抗震设计规范(2016 年版)》(GB 50011—2010)。

(6) 《高层建筑混凝土结构技术规程》(JGJ 3—2010)。

(7) 《砌体结构设计规范》(GB 50003—2011)。

(8) 《砌体结构加固设计规范》(GB 50702—2011)。

(9) 《钢结构设计标准》(GB 50017—2017)。

(10) 《钢结构加固设计标准》(GB/T 51367—2019)。

(11) 《建筑地基基础设计规范》(GB 50007—2011)。

(12) 《建筑地基处理技术规范》(JGJ 79—2012)。

(13) 《建筑桩基技术规范》(JGJ 94—2008)。

(14) 《建筑结构制图标准》(GB/T 50105—2010)。

(15) 《工程结构设计基本术语标准》(GB/T 50083—2014)。

(16) 《混凝土结构施工图平面整体表示方法制图规则和构造详图》(现浇混凝土框架、剪力墙、梁、板)(22G101-1)。

(17) 《混凝土结构施工图平面整体表示方法制图规则和构造详图》(现浇混凝土板式楼梯)(22G101-2)。

(18) 《混凝土结构施工图平面整体表示方法制图规则和构造详图》(独立基础、条形基础、筏形基础、桩基础)(22G101-3)。

(19) 《建筑物抗震构造详图》(多层和高层钢筋混凝土房屋)(20G329-1)。

(20) 《建筑物抗震构造详图》(多层砌体房屋和底部框架砌体房屋)(11G329-2)。

(21) 《建筑物抗震构造详图》(单层工业厂房)(11G329-3)。

22G101-1 混凝土结构施工图平面整体表示方法制图规则和构造详图(现浇混凝土框架、剪力墙、梁、板)

22G101-2 混凝土结构施工图平面整体表示方法制图规则和构造详图(现浇混凝土板式楼梯)

22G101-3 现浇混凝土板式楼梯(独立基础、条形基础、筏形基础、桩基础)

1.1.2 结构设计与建筑、设备专业的相互关系

建筑工程设计，离不开建筑、结构、设备三大专业，建筑专业勾画形成建筑物的轮廓"外表"；结构专业支撑起建筑物的"骨架"；设备专业则配备给建筑物"内脏"。三者各自独立，而又密切相关，最终形成完整的统一体。三个专业的流程次序是：首先，建筑专业应将实施方案图提交结构专业；然后，结构专业进行详细的结构布置，确定构件几何尺寸后提交给设备专业，此时各专业可同时展开设计；最后，设备专业将沟、槽、管、洞预留位置和重大设备安放位置提供给建筑和结构专业，即可完成建筑工程设计任务。

(1) 总平面图。了解项目在总平面图中的位置，确定与地震作用有关的参数，研究地

基勘察报告，了解地基情况，为正确地进行地基基础设计与计算做准备。

(2) 建筑平面图。绘制每一层的建筑平面图，了解建筑平面尺寸，确定结构建模的轴网尺寸和轴网编号，结合建筑剖面图确定结构的层数、室内轻质隔墙的布置情况、建筑各楼层使用功能及楼梯、电梯的布置。

(3) 建筑立面图。了解复杂建筑物的立面特点、悬挑结构的尺寸与高度关系。在结构分析时，结合结构相关规范确定计算参数。

(4) 建筑剖面图。了解建筑物的层高、底层层高、标准层层高及结构变化部分的高度等，结合建筑平面图标高确定结构高度及层数。

(5) 建筑总说明和建筑详图。了解建筑材料、建筑楼屋面的作法和厚度，以确定结构建模时楼屋面荷载和梁间荷载等。

(6) 设备专业条件。确定设备用房位置、荷载及基础情况；确定楼面、墙面、基础所需的预留、预埋条件及相应的补强措施；确定电气专业的预留、预埋条件以及楼板、墙板厚度是否满足预留、预埋的构造要求。

1.1.3　结构设计的内容

结构设计的内容主要包括合理的体系选型与结构布置、正确的结构计算与内力分析和周密合理的细部设计与构造，三方面互为呼应，缺一不可。

1. 设计依据及设计要求

(1) 自然条件。包括风荷载、雪荷载、工作所在地区的地震设防烈度、设计基本地震加速度值、设计地震分组、工程地质和水文地质情况。

(2) 设计要求。根据建筑结构安全等级、使用功能确定使用荷载、结构体系、楼层布置及其对施工的特殊要求。

2. 结构设计的主要内容

(1) 结构方案、结构选型、结构荷载计算、分析数据、绘制施工图。

(2) 地基基础形式。根据上部结构的形式、受力、地质等，确定地基基础的形式。

(3) 伸缩缝、沉降缝和防震缝的设置。根据建筑平面尺寸和立面、剖面的情况，按照规范构造要求确定。

(4) 主要结构材料的选用。

(5) 节点构造及其他内容。

1.2　结构设计软件概述

1.2.1　AutoCAD 软件

AutoCAD 软件是 Autodesk 公司开发的一款自动计算机辅助设计软件，可以用于绘制二维制图和基本三维设计、自动制图，因此它广泛用于土木建筑、装饰装潢、工业制图、工程制图、电子工业、服装加工等多个领域。

结构设计人员可以利用 PKPM 系列软件进行图纸的绘制，生产"*.T"文件，直接出图；也可把"*.T"文件转换成"*.DWG"文件，在 AutoCAD 软件中直接对图形修改后出图。

1.2.2　PKPM 软件

PKPM 软件是一个系列，除了将建筑、结构、设备(给排水、采暖、通风空调、电气)设计融为一体的集成化 CAD 系统以外，目前 PKPM 还有建筑概预算系列(钢筋计算、工程量计算、工程计价)、施工系列(投标系列、安全计算系列、施工技术系列)、施工企业信息化(目前全国很多特级资质的企业都在用 PKPM 的信息化系统)。

PKPM 在国内设计行业占有绝对优势，拥有用户上万家，市场占有率达 90%以上，现已成为国内相关领域应用最普遍的 CAD 系统。它紧跟行业需求和规范更新，不断推陈出新开发出对行业产生巨大影响的软件产品，使国产自主知识产权的软件十几年来一直占据我国结构设计行业应用和技术的主导地位，及时满足了我国建筑行业快速发展的需要，显著提高了设计的效率和质量。

中国建筑科学研究院建筑工程软件研究所近年来在建筑节能和绿色建筑领域作了多方面拓展，在节能、节水、节地、节材、保护环境等方面发挥了重要作用。开发的建筑节能类设计、鉴定分析软件已推广覆盖全国大部分地区，是应用最早、最广泛的节能设计软件。在规划、节地方面有三维居住区规划设计软件、三维日照分析软件、场地工程和土方计算软件，在环境方面有园林设计软件、风环境计算模拟软件，环境噪声计算分析系统，还有中国古典建筑设计软件、三维建筑造型大师软件、建筑装修设计软件。

1.2.3　其他常用的建筑结构设计软件

1. 广厦建筑结构设计 CAD

广厦建筑结构设计 CAD 是由深圳市广厦软件有限公司研发，是一个面向工业和民用建筑(混凝土、砖、钢和它们的混合结构)的多高层结构 CAD，支持框架、框剪、筒体、砖混、混合、底框砖混等结构形式，实现结构建模、计算、结构施工图自动生成和基础设计等过程。施工图可采用国标平面表示法和广东梁柱表，自动化完成率达 90%以上。软件开发起点高，适用范围广，实用性强，满足要求，配筋合理，便于施工，图纸表示准确，修改工作量小。应用该软件可缩短设计周期，提高设计质量和设计效率。

2. 理正结构

理正结构设计工具箱软件是由北京理正公司为结构设计人员开发的一套工具箱软件，理正结构工具箱 V8.5 是 2022 年最新版本，在功能和性能方面都有所优化。该工具箱包括梁、板柱墙、楼梯、砌体、基础、桩基、钢结构、混合结构、特殊结构等。

3. 探索者结构

探索者结构由北京探索者软件股份有限公司研发，探索者为 TSSD 系列产品的基本模块，也是产品的核心模块。它以各种工具类为主，其中既有小巧实用的工具，又有大型的集成工具，类型齐全，可以服务于各种行业的结构专业图纸，在其中配有工程中常见的构件计算，可以边算边画，方便快捷。它的操作方法为用户熟悉的 CAD 操作模式，简单易学。

4. 天正软件

天正公司应用先进的计算机技术，研发了以天正建筑为龙头的包括暖通、给排水、电气、结构、日照、市政道路、市政管线、节能、造价等专业的建筑 CAD 系列软件。目前，天正公司在专注建筑设计领域的基础上，为自己制定了更高、更强的目标，正在研发智能设计软件和管理软件并最终形成设计单位的协同作业系统。

5. SAP2000

SAP2000 程序是由 Edwards Wilson 创始的 SAP(Structure Analysis Program，结构分析程序)系列程序发展而来的，在 SAP2000 三维图形环境中提供了多种建模、分析和设计选项，且完全在一个集成的图形界面内实现。

SAP2000 是通用的结构分析设计软件，适用范围很广，主要适用于模型比较复杂的结构，如桥梁、体育场、大坝、海洋平台、工业建筑、发电站、输电塔、网架等结构形式，当然高层等民用建筑也能很方便地用 SAP 建模、分析和设计。在我国，SAP2000 程序也在各高校和工程界得到了广泛的应用，尤其是航空航天、土木建筑、机械制造、船舶工业、兵器以及石油化工等许多部门都大量使用 SAP2000 程序。

6. ETABS

ETABS 是由美国 CSI 公司开发研制的房屋建筑结构分析与设计软件，是美国乃至全球公认的高层结构计算程序，在世界范围内广泛应用，是房屋建筑结构分析与设计软件的业界标准。

ETABS 除一般高层结构计算功能外，还可计算钢结构、钩、顶、弹簧、结构阻尼运动、斜板、变截面梁或腋梁等特殊构件和结构非线性计算(包括用于抗震设计的 Pushover 模块、用于屈曲分析的 Buckling 模块以及施工顺序加载等)，甚至可以计算结构基础隔震问题，功能非常强大。

7. 3D3S

3D3S 钢结构-空间结构设计软件是同济大学独立开发的 CAD 软件系列，同济大学拥有自主知识产权。该软件在钢结构和空间结构设计领域具有独创性，填补了国内该类结构工具软件的空白，基本覆盖了各大钢结构设计单位和钢结构企业。

8. MIDAS

MIDAS 中文名迈达斯，是一种有关结构设计有限元分析软件，分为建筑领域、桥梁领域、岩土领域、仿真领域四个大类，分为 MIDAS/Building、MIDAS/Gen、MIDAS/Civil、MIDAS/GTS、MIDAS/FX+、MIDAS/NFX 等模块。

MIDAS/Civil 是针对土木结构，特别是分析预应力箱型桥梁、悬索桥、斜拉桥等特殊的桥梁结构形式，同时可以做非线性边界分析、水化热分析、材料非线性分析、静力弹塑性分析、动力弹塑性分析，并且能够迅速、准确地完成类似结构的分析和设计。

9. ANSYS

ANSYS 软件是集结构、流体、电场、磁场、声场分析于一体的大型通用有限元分析软件。它由世界上最大的有限元分析软件公司之一的美国 ANSYS 开发，能与多数 CAD 软件(如 Creo、NASTRAN、Alogor、I-DEAS、AutoCAD 等)接口，实现数据的共享和交换，是现代产品设计中高级 CAE 工具之一。

1.2.4　BIM 技术

BIM 的全拼是 Building Information Modeling，即建筑信息模型，如图 1.1 所示。BIM 技术是一种应用于工程设计建造管理的数据化工具，通过参数模型整合各种项目的相关信息，在项目策划、运行和维护的全生命周期过程中进行共享和传递，使工程技术人员对各种建筑信息作出正确理解和高效应对、为设计团队以及包括建筑运营单位在内

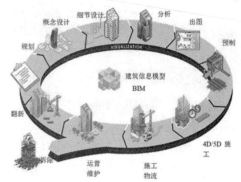

图 1.1　建筑信息模型

的各方建设主体提供协同工作的基础，在提高生产效率、节约成本和缩短工期方面发挥了重要作用。一个完善的信息模型，能够连接建筑项目生命期不同阶段的数据、过程和资源，是对工程对象的完整描述，可被建设项目各参与方普遍使用。BIM 可解决分布式、异构工程数据之间的一致性和全局共享问题，支持建设项目生命周期中动态的工程信息创建、管理和共享，使建筑工程在其整个进程中显著提高效率和大量减少风险。

1.3　结构设计软件 PKPM 的主要步骤

1.3.1　PMCAD 模块用来建模

PMCAD 完成结构的整体模型和荷载的输入，其工作界面如图 1.2 所示。模型的准确是基础，在后面的章节中将会详细介绍。

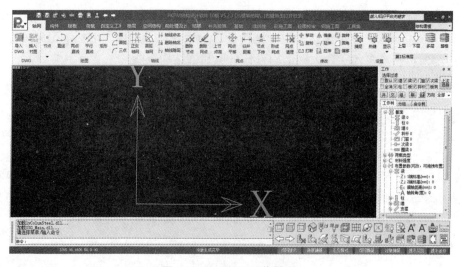

图 1.2　PMCAD 工作界面

1.3.2 SATWE 模块用于结构内力计算和分析

进入 SATWE 的前处理菜单，如图 1.3 所示，SATWE 的计算结果查看菜单，如图 1.4 所示(注：这里的菜单也称功能区中的选项卡，后同)。

图 1.3 SATWE 前处理菜单

图 1.4 SATWE 结果查看菜单

1.3.3 混凝土施工图模块可完成施工图设计

执行混凝土施工图模块，"模板"菜单如图 1.5 所示；梁施工图菜单如图 1.6 所示；柱施工图菜单如图 1.7 所示；板施工图菜单如图 1.8 所示；墙施工图菜单如图 1.9 所示。

图 1.5 "模板"菜单

图 1.6 梁施工图菜单

图 1.7 柱施工图菜单

图 1.8 板施工图菜单

图 1.9 墙施工图菜单

1.3.4　JCCAD 模块用于基础设计

用于基础人机交互输入的基础模型菜单，如图 1.10 所示；基础分析与设计菜单，如图 1.11 所示；基础计算结果查看菜单，如图 1.12 所示；基础施工图菜单，如图 1.13 所示。

图 1.10　基础模型菜单

图 1.11　基础分析与设计菜单

图 1.12　基础计算结果查看菜单

图 1.13　基础施工图菜单

1.4　课程特点与学习方法

本课程属于实用性较强的专业课程，是土木工程专业的一门重要专业课程，主要介绍 PKPM 软件结构设计的基本知识，应用范围广、实践性强。掌握本课程，将为毕业设计及以后从事结构工程设计打下良好的基础。因此，学好本课程具有现实且深远的意义，在学习的过程中应注意以下几点。

(1) 掌握 PKPM 软件进行结构设计操作流程和步骤，对计算结构进行分析和判断，并能够对结构设计进行深度优化，因此对房屋建筑学、制图、力学、混凝土、抗震、高层和地基基础等知识内容有较高的要求。

(2) 应注意现场参观，了解实际工程，积累感性认识，进一步理解实际结构和结构模型之间的关系。

(3) 软件是结构设计的必备工具，应多动手操作，熟练流程，注重理论和实践的结合。在学习过程中，参照实际工程项目的设计要求，以实际数据为依据来对自己所做项目的设计参数进行选取，如对结构的抗震等级、结构体系的部署方式、不同用途房间的活荷载、构件的截面尺寸、材料的强度等级、钢筋的强度等级和采用的直径等的选取，并采用正确的检查方法以验证结构设计信息、计算信息等输入的正确性。

(4) PKPM 软件与我国的设计规范密切相关，注意熟悉与结构设计相关的各种规范、规程和图集等，避免在绘制结构施工图时出现很多由不规范引发的绘图难题。

第2章 PMCAD(结构平面辅助设计)软件介绍

※ 【内容提要】

本章主要内容包括：轴线输入、网格生成、构件定义、楼层布置、荷载输入、设计参数、楼层组装。本章教学内容的重点是：楼层定义中各种构件的布置过程，楼面恒荷载、活荷载的输入布置以及各构件荷载的输入。本章教学内容的难点是：设计参数的正确设置。

※ 【能力要求】

通过对本章内容的学习，学生应熟练掌握PMCAD(结构平面辅助设计)软件的建模流程；初步了解结构设计的步骤；理解由建筑平面图到结构平面图的识图看图建模过程。

PMCAD 是 PKPM 软件的基本组成模块之一，采用人机交互方式，进行结构基本建模计算数据的输入，引导用户逐层地布置各层平面和各层楼面，并具有较强的荷载统计和传导计算功能，除计算结构自重外，还能自动完成从楼板到次梁、从次梁到主梁、从主梁到承重的柱墙的荷载传导，最后从上部结构传到基础的全部计算。PMCAD 可方便地建立整栋建筑的数据结构模型。

PMCAD 是 PKPM 结构设计软件的核心，为功能设计提供数据接口。进行完 PMCAD 的建筑模型与荷载输入、结构楼面布置信息、楼面荷载传导计算操作后就可以进入其他模块进行结构分析和计算。PMCAD 是三维建筑设计软件 APM 与结构设计 CAD 相连接的必要接口，因此，它在整个系统中起到承前启后的重要作用。

2.1　PMCAD 的基本特点

2.1.1　PMCAD 的基本功能

1. 智能交互建立全楼结构模型

以智能交互方式引导用户在屏幕上逐层布置柱、梁、墙、洞口、楼板等结构构件，快速搭起全楼的结构构架，输入过程伴有中文菜单及提示，并便于用户反复修改。

2. 自动导算荷载建立恒活荷载库

(1) 对于用户给出的楼面恒活荷载，程序自动进行楼板到次梁、次梁到框架梁或承重墙的分析计算，所有次梁传到主梁的支座反力、各梁到梁、各梁到节点、各梁到柱传递的力均通过平面交叉梁系计算求得。

(2) 计算次梁、主梁及承重墙的自重。

(3) 引导用户以人机交互方式输入或修改各房间楼面荷载、次梁荷载、主梁荷载、墙间荷载、节点荷载及柱间荷载，并为方便用户提供了复制、粘贴、反复修改等功能。

3. 为各种计算模型提供计算所需数据文件

(1) 可指定任一个轴线形成 PK 模块平面杆系计算所需的框架计算数据文件，包括结构立面、恒荷载、活荷载、风荷载的数据。

(2) 可指定任一层平面的任一由次梁或主梁组成的多组连梁，形成 PK 模块按连续梁计算所需的数据文件。

(3) 为空间有限元壳元计算程序 SATWE 提供数据，SATWE 用壳元模型精确计算剪力墙，程序对墙自动划分壳单元并写出 SATWE 数据文件(这部分功能放在 SATWE 模块中)。

(4) 为三维空间杆系薄壁柱程序 TAT 提供计算数据，程序把所有的梁柱转成三维空间杆系，把剪力墙墙肢转成薄壁柱计算模型。

(5) 为特殊的多、高层建筑结构分析与设计程序(广义协调墙元模型)PMSAP 提供计算数据。

4. 为上部结构各绘图 CAD 模块提供结构构件的精确尺寸

如梁柱施工图的截面、跨度、挑梁、次梁、轴线号、偏心等，剪力墙的平面与立面模板尺寸、楼板厚度、楼梯间布置等。

5. 为基础设计 CAD 模块提供布置数据与恒活荷载

不仅为基础设计 CAD 模块提供底层结构布置与轴线网格布置，还提供上部结构传递的恒荷载、活荷载。

2.1.2　PMCAD 的适用范围

结构平面形式任意，平面网格可以正交，也可斜交成复杂体型平面，并可处理弧墙、弧梁、圆柱、各类偏心、转角等。

(1) 层数≤190。

(2) 标准层≤190。

(3) 正交网格时，横向网格、纵向网格线条数≤100。

斜交网格时，网格线条数≤5000。

用户命名的轴线总条数≤5000。

(4) 节点总数≤8000。

(5) 标准柱截面≤300。

标准梁截面≤300。

标准墙体洞口≤240。

标准楼板洞口≤80。

标准墙截面≤80。

标准斜杆截面≤200。

标准荷载定义≤6000。

(6) 每层柱根数≤3000。

每层梁根数(不包括次梁)≤8000。

每层圈梁根数≤8000。

每层墙数≤2500。

每层房间总数≤3600。

每层次梁总根数≤1200。

每个房间周围最多可以容纳的梁墙数＜150。

每节点周围不重叠的梁墙根数≤6。

每层房间次梁布置种类数≤40。

每层房间预制板布置种类数≤40。

每层房间楼板开洞种类数≤40。

每个房间楼板开洞数≤7。

每个房间次梁布置数≤16。

每层层内斜杆布置数≤2000。

全楼空间斜杆布置数≤3000。

(7) 两节点之间最多安置一个洞口。需要安置两个时，应在两洞口间增设一网格线与节点。

(8) 结构平面上的房间数量的编号是由软件自动生成的，软件将由墙或梁围成的一个个平面闭合体自动编成房间，房间用来作为输入楼面上的次梁、预制板、洞口和导荷载、画图的一个基本单元。

(9) 次梁是指在房间内布置且在执行 PMCAD 主菜单 1 的"次梁布置"时输入的梁，不论在矩形房间还是在非矩形房间均可输入次梁。次梁布置时不需要网格线，次梁和主梁、墙相交处也不产生节点。若房间内的梁在主菜单 1 的"主梁布置"时输入，程序将该梁当作主梁处理。用户在操作时把一般的次梁在"次梁布置"时输入的好处是：可避免过多的无柱联接点，避免这些点将主梁分隔过细，或造成梁根数和节点个数过多而超界，或造成每层房间数量超过 3600 而使程序无法运行。当工程规模较大而节点、杆件或房间数超界时，把主梁当作次梁输入可有效地大幅度减少节点杆件房间的数量。对于弧形梁，因目前程序无法输入弧形次梁，可把它作为主梁输入。

(10) 这里输入的墙应是结构承重墙或抗侧力墙，框架填充墙不应当作墙输入，它的重量可作为外加荷载输入，否则不能形成框架荷载。

(11) 平面布置时，应避免大房间内套小房间的布置，否则会在荷载导算或统计材料时重叠计算，可在大小房间之间用虚梁(虚梁为截面 100mm×100mm 的梁)连接，将大房间切割。

2.1.3　PMCAD 的具体操作

(1) 各层平面的轴线网格，各层网格平面可以相同，也可以不同。

(2) 输入柱、梁、墙、洞口、斜柱支撑、次梁、层间梁、圈梁(砌体结构)的截面数据，并把这些构件布置在平面网格和节点上。

(3) 各结构层主要设计参数，如楼板厚度、混凝土强度等级等。

(4) 生成房间和现浇板信息，布置预制板、楼板开洞、悬挑板、楼板错层等楼面信息。

(5) 输入作用在梁、墙、柱和节点上的恒荷载与活荷载。

(6) 定义各标准层上的楼面恒、活均布面荷载，并对各房间的荷载进行修改。

(7) 根据结构标准层、荷载标准层和各层层高，楼层组装出总层数。

(8) 设计参数、材料信息、风荷载信息和抗震信息等。

(9) 楼面荷载传导计算，生成各梁与墙及各梁之间的力。

(10) 结构自重计算及恒荷载、活荷载向底层基础的传导计算。

(11) 对上一步所建模型进行检查，发现错误并提示用户。根据上下层结构布置状况作上下层构件连接。

2.2　建筑模型与荷载输入

模型的建立是结构计算分析以及绘施工图的前提和基础，模型的正确与否，荷载的输入以及传导，直接影响后面的计算分析，因此模型的建立是重点。下面我们以简单的框架结构为例，讲解软件的操作流程。

2.2.1　工程概况

某工程为六层钢筋混凝土框架结构，7 度(0.1g)抗震设防，抗震等级为三级，场地类别为二类，楼面层恒荷载标准值为 4.5 kN/m²，活荷载标准值为 2.0 kN/m²，屋面层恒荷载标准值为 6.0 kN/m²，活荷载标准值为 0.5 kN/m²，基本风压为 0.4 kN/m²，底层建筑层高为 3.6 m，底层结构层高为 4.4 m，其余各层层高均为 3.3 m。柱截面为 500 mm×500 mm 和 500 mm×800 mm，梁截面为 300 mm×600 mm 和 300 mm×450 mm。框架梁纵向钢筋、箍筋以及楼板钢筋均选用 HRB400 级钢筋，框架柱纵向钢筋和箍筋均选用 HRB400 级钢筋，混凝土强度等级为 C30。基础采用柱下独立基础，基础钢筋选用 HRB400 级钢筋，混凝土强度等级为 C30。墙体材料采用混凝土砌块，容重为 10 kN/m³，厚度为 200mm。建筑平面图如图 2.1～图 2.4 所示，结构平面布置图和框架轴测图如图 2.5 和图 2.6 所示。

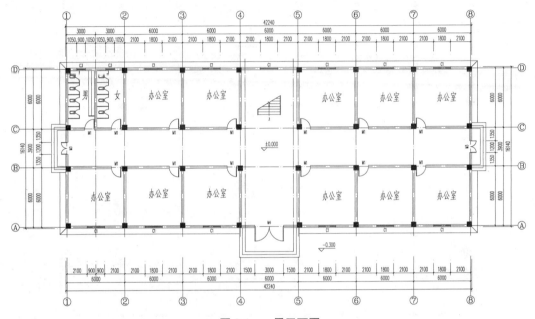

图 2.1　一层平面图

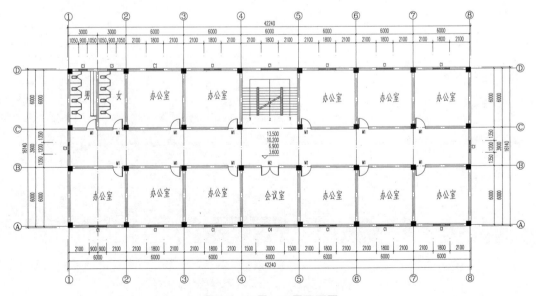

图 2.2　二层～五层平面图

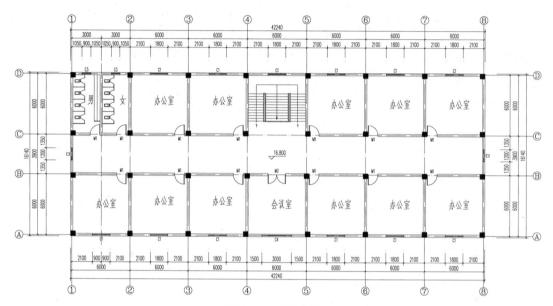

图2.3　六层平面图

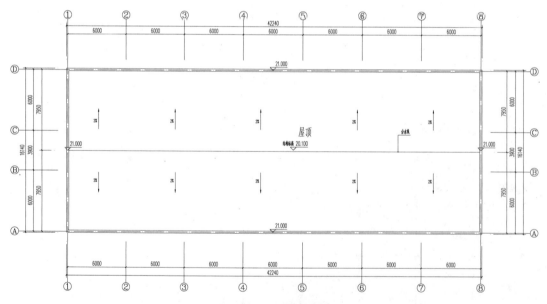

图2.4　屋面层平面图

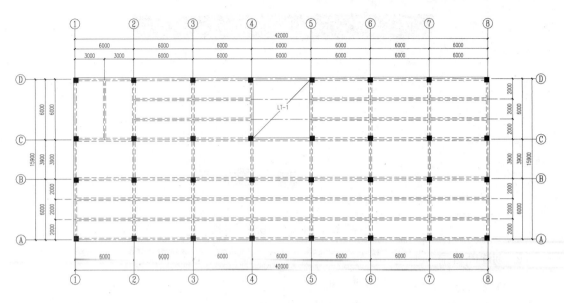

图2.5　结构平面布置图

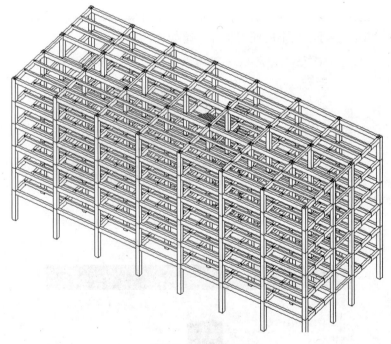

图2.6　框架轴测图

2.2.2　建立新工程

1. 启动PKPM程序

双击桌面上的PKPM图标 ![icon]，启动PKPM主菜单。

在菜单的专项主页上选择"结构"主页，显示PKPM软件主界面如图2.7所示。在界面右边的专业模块下拉列表中选择"结构建模"选项。

图 2.7　PMCAD 软件主界面

2. 创建新目录

在 D 盘新建文件夹，并命名为"框架结构"，单击"新建/打开"按钮或者单击图标，选择工作目录，如图 2.8 所示。工作目录可以新建，也可以直接读取已建立好的目录名。单击"确认"按钮后，在主界面显示新的文件夹图标，建立新的文件夹，如图 2.9 所示。做任一项工程，应建立该项工程专用的工作子目录，子目录名称任意，但不能超过 256 个英文字符或 128 个中文字符，也不能使用特殊字符如"?""，"""."等。

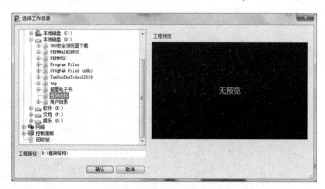

图 2.8　"选择工作目录"对话框

图 2.9　建立新的文件夹

💡 **注意**：每做一项新的工程，都应建立一个新的子目录，并在新的子目录中进行操作，不同的工程，应在不同的工作子目录下运行，避免不同工程之间的数据混淆。

3. 启动建模程序

用鼠标左键双击图标▣，进入建立模型状态，进入操作界面，如图 2.10 所示。

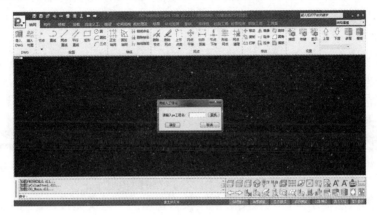

图 2.10　PKPM 结构建模

4. 输入新工程名

对于新建工程，需输入该工程的名称。在弹出的交互式数据输入对话框中，输入文件名"框架"或字母"KJ"(字母大小写均可)，单击"确定"按钮，如图 2.11 所示，启动建模程序。

图 2.11　交互式数据输入对话框

💡 **注意**：工程名不应超过 80 个英文字符或 40 个中文字符，且不能有特殊字符。

进入人机交互界面，如图 2.12 所示。

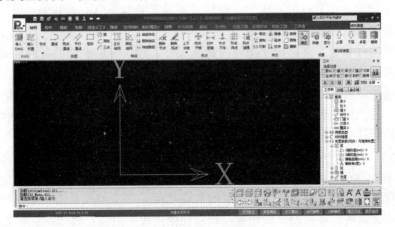

图 2.12　人机交互界面

💡 **注意**：在 PMCAD 软件主菜单对应的操作界面所输的尺寸单位全部为毫米(mm)。

程序将屏幕划分为上侧的 Ribbon 菜单区、模块切换及楼层显示管理区，右侧的工作树、分组及命令树面板区，下侧的命令提示区、快捷工具条按钮区、图形状态提示区和中部的图形显示区。

Ribbon 菜单中包含的命令或选项主要用来执行软件的专业功能，主要包括文件存储、图形显示、轴线网点生成、构件布置编辑、荷载输入、楼层组装、工具设置等功能，具体菜单外观和内容都从 TgRibbon-PM.xml 菜单文件中读取，该文件安装在 Ribbon 目录的 Support 子目录中。

上部的模块切换及楼层管理区，可以在同一集成环境中切换到其他计算分析处理模块，而楼层显示管理区可以快速地进行单层、全楼的展示。

上部的快捷命令按钮区，主要包含模型的快速存储、恢复，以及编辑过程中的恢复(Undo)、重做(Redo)等功能按钮。

下侧的快捷工具条按钮区，主要包含模型显示模式快速切换，构件的快速删除、编辑、测量工具，楼板显示开关，模型保存、编辑过程中的恢复(Undo)、重做(Redo)等功能按钮。

右侧快捷工具按钮区分为工作树、分组及命令树面板区。

下侧的图形状态提示区，包含图形工作状态管理的一些快捷按钮，有点网显示、角度捕捉、正交模式、点网捕捉、对象捕捉、显示叉丝、显示坐标等功能，可以在交互过程中单击相应的按钮，直接进行各种状态的切换。

5. 建模过程概述

PMCAD 建模是逐层录入模型，再将所有楼层组装成工程整体的过程。其输入的大致步骤如下。

(1) 平面布置首先输入轴线。程序要求平面上布置的构件一定要放在轴线或网格线上，因此凡是有构件布置的地方一定先用"轴线网点"菜单布置它的轴线。轴线可用直线、圆弧等在屏幕上画出，对正交网格也可用对话框方式生成。程序会自动在轴线相交处计算生成节点(白色)，两节点之间的一段轴线称为网格线。

(2) 构件布置需依据网格线。两节点之间的一段网格线上布置的梁、墙等构件就是一个构件。柱必须布置在节点上。比如一根轴线被其上的四个节点划分为三段，三段上都布满了墙，则程序就生成了三个墙构件。

(3) 用"构件布置"菜单定义构件的截面尺寸、输入各层平面的各种建筑构件，并输入荷载。构件可以设置对于网格和节点的偏心。

(4) "荷载布置"菜单中程序可布置的构件有柱、梁、墙(应为结构承重墙)、墙上洞口、支撑、次梁、层间梁。输入的荷载有作用于楼面的均布恒荷载和活荷载，梁间、墙间、柱间和节点的恒荷载和活荷载。

(5) 完成一个标准层的布置后，可以使用"增加标准层"命令，把已有的楼层全部或局部复制下来，再在其上接着布置新的标准层，这样可保证当各层组装在一起时，上下楼层的坐标系自动对位，从而实现上下楼层的自动对接。

(6) 依次录入各标准层的平面布置，最后使用"楼层组装"命令组装成全楼模型。

接下来的章节将对这些建模所涉及的功能进行详细介绍。

2.2.3　轴线输入

绘制轴网是整个交互输入程序中最重要的一环。"轴网"菜单如图 2.13
所示,其中集成了轴线输入和网格生成两部分功能,只有在此绘制出准确的
图形才能为以后的布置工作打下良好的基础。

轴线输入

图 2.13　"轴网"菜单

1. 正交轴网输入

这里是用作图工具绘制红色轴线,构件的定位都要根据网格或节点的位置决定。"网
格"是轴线交织后被交点分割成的小段红色线段,在所有轴线相交处及轴线本身的端点、
圆弧的圆心都产生一个白色的"节点",将轴线划分为"网格"与"节点"的过程是在程
序内部适时自动进行的。单击"正交轴网",在直线轴网的输入对话框中输入正交轴网参
数:用鼠标双击"常用值"列表框中的数字,或用键盘输入数值,在"下开间"文本框中
输入"6000*7",在"左进深"文本框中输入"6000,3900,6000",其他参数都取默认值,
单击"确定"按钮,如图 2.14 所示。

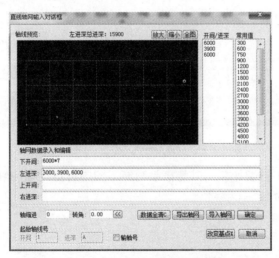

图 2.14　直线轴网输入对话框

2. 轴线命名

"轴线命名"是在网点生成之后为轴线命名的菜单选项或命令。选择此命令在屏幕下
方输入的轴线名将在施工图中使用,而不能在本操作界面中进行标注。在输入轴线中,凡
在同一条直线上的线段不论其是否贯通都视为同一轴线,在执行本菜单选项时可以一一选
取每根网格,为其所在的轴线命名,对于平行的直轴线,可以再按一次 Tab 键后进行成批
的命名,这时程序要求选取相互平行的起始轴线以及虽然平行但不希望命名的轴线,选取
之后输入一个字母或数字后程序自动顺序地为轴线编号。对于数字编号,程序将只取与输

入的数字相同的位数。轴线命名完成后，应该用 F5 键刷新屏幕。(注意：同一位置上在施工图中出现的轴线名称，取决于这个工程中最上一层(或最靠近顶层)中命名的名称，所以当想修改轴线名称时，应该重新命名的是靠近顶层的层。)

在"轴网"菜单中选择"轴线命名"命令，屏幕下方提示："轴线名输入：请用鼠标选择轴线([Tab]成批输入)"。用鼠标选取 A 轴，屏幕下方提示："轴线选中，输入轴线名"，输入 A，按 Enter 键，注意字母应大写。再逐根选取 B、C、D 轴线，分别输入 B、C、D，以上是逐根选取的方式输入轴线命名，适合轴线较少的情况，当轴线比较多的时候可采用成批输入，下面采用成批输入的方式输入①～⑧轴。

按键盘上 Tab 键，选择成批轴线命名。屏幕下方提示："移光标点取起始轴线"，选取起始轴线①轴，提示："移光标去掉不标注的轴线([Esc]没有)"，①～⑧轴没有不需要命名的轴线，单击鼠标右键或按键盘上的 Esc 键，提示："输入起始轴线名"，输入 1，表示起始轴线从 1 开始，按 Enter 键，程序自动对①～⑧轴线标注轴线名；进行同样的操作可完成对 A～D 轴线的命名，如图 2.15 所示。成批输入方式适用于快速输入一批按数字或字母顺序排列的平行轴线。

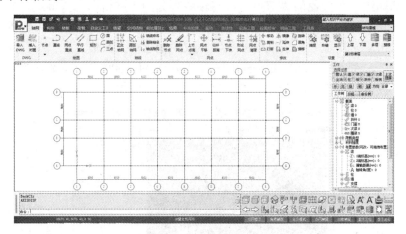

图 2.15　轴网平面布置图

"轴线命名"并不影响计算，只是在绘制施工图中可自动标注轴线，对复杂的结构模型，可不执行"轴线命名"。

2.2.4　构件定义

各种构件布置时的参照定位是不同的。

柱布置在节点上，每一个节点上只能布置一根柱子。

梁、墙布置在网格上，两个节点之间的一段网格上只能布置一道墙，可以布置多道梁，但各梁标高不应重合。梁墙长度即是两节点之间的距离。

层间梁的布置方式与主梁基本一致，但需要在输入时指定相对于层顶的高差和作用在其上的均布荷载。

洞口也布置在网格上，该网格上还应布置墙。可在一段网格上布置多个洞口，但程序会在两个洞口之间自动增加节点，如洞口跨越节点布置，则该洞口会被节点截成两个标准洞口。

斜杆支撑有两种布置方式：按节点布置和按网格布置。斜杆在本层布置时，其两端点的高度可以任意，既可越层布置，也可水平布置，用输标高的方法来实现。注意：斜杆两端点所用的节点，不能只在执行布置的标准层有，承接斜杆另一端的标准层也应标出斜杆另一端的节点。

次梁布置时是选取它首、尾两端相交的主梁或墙构件，连续次梁的首、尾两端可以跨越若干跨进行一次性的布置，不需要在次梁下布置网格线，此梁的顶面标高和与它相连的主梁或墙构件的标高相同。

构件布置分为梁、柱、墙、墙洞、斜杆、次梁、层间梁等。构件菜单如图 2.16 所示。这些构件在布置前必须要定义它的截面尺寸、材料、形状类型等信息。程序对"构件"菜单组中的构件的定义和布置的管理有"增加""删除""修改""清理""复制"的按钮。对截面列表还有排序的功能，可以将定义完的截面列表按输入顺序、形状、参数、材料各列这些特征排序。

图 2.16　"构件"菜单

1. 柱布置

在"构件"菜单中选择"柱"命令，弹出"柱布置"对话框，如图 2.17 所示。

柱、主梁布置

框架柱截面尺寸应符合以下构造要求。

(1) 矩形截面柱最小截面尺寸不宜小于 300 mm，应尽量采用方柱；如果必须采用圆柱时，圆柱的截面直径不宜小于 350 mm。

(2) 柱的剪跨比不宜大于 2。

(3) 柱截面长边与短边的边长比不宜大于 3。

柱截面尺寸估算，要同时满足最小截面尺寸、侧移限值和轴压比等诸多因素，一般可通过满足轴压比限值进行截面尺寸的估算。

一、二、三、四级抗震等级的各类结构的框架柱、框支柱，其轴压比不宜大于表 2.1 的规定。

柱轴向压力设计值可初步按下式估算：

图 2.17　"柱布置"对话框

$$\frac{N}{f_c A_c} \leqslant [\mu_N] \tag{2.1}$$

$$N = \beta S g n \tag{2.2}$$

式中：N ——地震作用组合下柱的轴向压力设计值；

　　　f_c ——混凝土轴心抗压强度设计值，见表 2.2；

　　　A_c ——柱截面尺寸；

　　　μ_N ——轴压比；

β——考虑地震作用组合后柱的轴向压力增大系数，边柱取 1.3，中柱等跨度取 1.2，中柱不等跨度取 1.25；

S——按简支状态计算柱的负荷面积；

g——单位建筑面积上的重力荷载代表值，可近似取 12～15kN/m^2；

n——楼层数。

表 2.1　柱的轴压比限值 μ_N

结构体系	抗震等级			
	一级	二级	三级	四级
框架结构	0.65	0.75	0.85	0.90
框架-剪力墙结构、筒体结构	0.75	0.85	0.90	0.95
部分框支剪力墙结构	0.60	0.70	—	

注：轴压比是指柱地震作用组合的轴向压力设计值与柱的全截面面积和混凝土轴心抗压强度设计值乘积的比值。

表 2.2　混凝土轴心抗压强度设计值(N/mm^2)

强度	混凝土强度等级													
	C15	C20	C25	C30	C35	C40	C45	C50	C55	C60	C65	C70	C75	C80
f_c	7.2	9.6	11.9	14.3	16.7	19.1	21.1	23.1	25.3	27.5	29.7	31.8	33.8	35.9

边柱轴力 $N = \beta Sgn = 1.3 \times \left(6 \times \dfrac{6}{2} \right) \times 13 \times 6 = 1825 \ \text{kN}$

中柱轴力 $N = \beta Sgn = 1.25 \times \left[6 \times \left(\dfrac{6}{2} + \dfrac{3.9}{2} \right) \right] \times 13 \times 6 = 2896 \ \text{kN}$

由表 2.1 可知，框架结构抗震等级三级，柱轴压比限值 μ_N =0.85；由表 2.2 知 C30 混凝土轴心抗压强度设计值 f_c =14.3 N/mm^2。

由式(2.1)可得 $A_c \geq \dfrac{N}{[\mu_N] \cdot f_c} = \dfrac{2896 \times 10^3}{0.85 \times 14.3} = 238256 \ \text{mm}^2$，柱截面尺寸取方形截面，$b = h = \sqrt{A_c} = \sqrt{238256} = 488 \ \text{mm}$，取 $b = h = 500 \ \text{mm}$。

单击"增加"按钮，弹出"截面参数"对话框，如图 2.18 所示，定义 500 mm×500 mm 框架柱参数：矩形截面宽度(mm)为"500"；矩形截面高度(mm)为"500"；材料类别为"6：混凝土"。

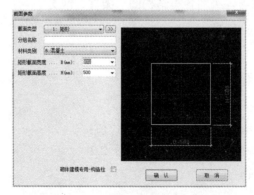

图 2.18　"截面参数"对话框

单击"确认"按钮，弹出"柱布置"对话框，如图 2.19 所示，表中显示定义的框架柱，选中列表中定义的柱，将柱布置到轴网需要的位置。

💡 **注意：**

(1) 弹出"柱布置"对话框，可以在布置时更改沿轴偏心、偏轴偏心、柱底标高、轴转角等信息。

(2) 布置构件有五种方式，分别是"点""轴""窗""围""线"方式。

"点"是指直接布置方式，在选择了标准构件，并输入了偏心值后程序首先进入该方式，凡是被捕捉靶套住的网格或节点，在按 Enter 键后即被插入该构件，若该处已有构件，将被当前值替换。

图 2.19　"柱布置"对话框

"轴"是指沿轴线布置方式，在出现了"直接布置"的提示和捕捉靶后按一次 Tab 键，程序转换为"沿轴线布置"方式，此时，被捕捉靶套住的轴线上的所有节点或网格将被插入该构件；

"窗"是指按窗口布置方式，在出现了"沿轴线布置"的提示和捕捉靶后按一次 Tab 键，程序转换为"按窗口布置"方式，此时用户用光标在图中截取一窗口，窗口内的所有网格或节点上将被插入该构件。

"围"是指按围栏布置方式，用鼠标选取多个点围成一个任意形状的围栏，将围栏内所有节点与网格上插入构件。

"线"是指直线栏选布置方式，当切换到该方式时，需拉一条线段，与该线段相交的网点或构件即被选中，随即进行后续的布置操作。

按 Tab 键，可使程序在这五种方式间依次转换。

退出构件布置的操作：点取构件布置对话框的"退出"按钮，或鼠标停靠在构件布置对话框时按下鼠标右键，或按 Esc 键。布置方式的切换可通过键盘上的 Tab 键进行切换，或在对话框中选择，如图 2.20 所示。

(3) 如果构件布置错误，可以在"构件"菜单中选择"构件删除"命令，进行删除。

构件删除功能现在统一放到"构件删除"命令调出的对话框中，如图 2.21 所示。当在该对话框中选中某类构件时(可一次选择多类构件)，直接选取所需删除的构件，即可完成删除操作。

图 2.20　"柱布置参数"对话框

图 2.21　"构件删除"对话框

然后再"增加"新截面"500×800"，将四个角的柱子定义为"500×800"。柱布置如图 2.22 所示。在屏幕下侧的快捷工具条按钮区，单击显示截面图标🔍，在构件类别中选择"柱"，单击"确定"按钮，即可查看构件柱子的尺寸。

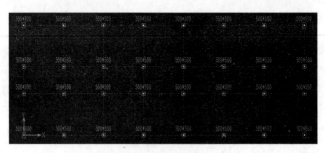

图 2.22　柱布置

2. 主梁布置

框架梁截面尺寸应符合下列要求。

(1) 截面宽度不宜小于 200mm。

(2) 截面高度与宽度的比值不宜大于 4。

(3) 净跨与截面高度的比值不宜小于 4。

梁截面的高度 h 和宽度 b 取值可按以下内容进行估算。

主梁的跨度一般以 5～8 m 为宜，梁的高 h 可取跨度的 $\dfrac{1}{8}\sim\dfrac{1}{12}$，梁的高度 h 与宽度 b 的关系为 $\dfrac{h}{b}=2\sim3$。

本工程中的 6m 跨度，梁的高度 $h=\left(\dfrac{1}{8}\sim\dfrac{1}{12}\right)\times 6000\text{mm}=500\sim750\text{mm}$，取 $h=600\text{mm}$，梁的宽度取 $b=300\text{mm}$。

3.9m 跨度，梁的高度 $h=\left(\dfrac{1}{8}\sim\dfrac{1}{12}\right)\times 3900\text{mm}=325\sim487.5\text{mm}$，取 $h=450\text{mm}$，梁的宽度取 $b=300\text{mm}$。

办公楼、教学楼、住宅等走廊(走道)的跨度通常比较小，常见跨度为 1.5m、1.8m、2.1m、2.4m、2.7m、3.0m 等，对这些小跨度的梁，梁的截面高度可取 $h=300\text{mm}$，$h=350\text{mm}$，截面宽度可取 $b=200\text{mm}$。

图 2.23　"梁布置"对话框

在"构件"菜单中选择"梁"命令，弹出"梁布置"对话框，选择"新建"进行主梁定义，如图 2.23 所示。

定义截面为 300mm×600mm 的梁：

矩形截面宽度(mm)为"300"；

矩形截面高度(mm)为"600"；

材料类别为"6：混凝土"。

定义截面为 300mm×450mm 的梁：

矩形截面宽度(mm)为"300"；

矩形截面高度(mm)为"450"；

材料类别为"6：混凝土"。

选中列表中定义的截面为 300mm×450mm 的梁，单击"布置"按钮，将该梁布置到

3900mm 长度网格的位置，如图 2.24 所示。

图 2.24　截面为 300mm×450mm 的梁布置图

选中列表中定义的截面为 300mm×600mm 的梁，单击"布置"按钮，将该尺寸的梁布置剩余的网格中，如图 2.25 所示。

注意： 在 PMCAD 中仅布置承重构件，不需要布置非承重构件，如框架填充墙、阳台、雨篷等，但需要折算成荷载输入。

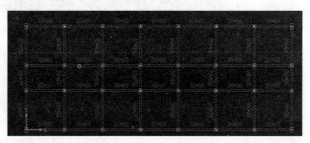

图 2.25　主梁平面布置图

3. 次梁布置

次梁与主梁采用同一套截面定义的数据，如果对主梁的截面进行定义、修改，次梁也会随之修改。次梁布置时是选取它首、尾两端相交的主梁或墙构件，连续次梁的首、尾两端可以跨越若干跨一次布置，不需要在次梁下布置网格线，次梁的顶面标高和与它相连的主梁或墙构件的标高相同。

次梁布置

在"构件"菜单中选择"次梁"命令后，已有的次梁将会以单线的方式显示。次梁的端点可以不在节点上，只要搭接到梁或墙上即可。按程序的提示信息，逐步输入次梁的起点、终点后即可输入次梁。如果希望按房间布置，可以先布置某一个房间的次梁，再用"基本"菜单下的拖动复制按钮将此房间的次梁全部选取，将其复制到其他相同的房间内。次梁的端点一定要搭接在梁或墙上，否则悬空的部分传入后面的模块时将被删除掉。如果次梁跨过多道梁或墙，布置完成后次梁自动被这些杆件打断。

次梁定位时不靠网格和节点，是捕捉主梁或墙中间的一点，经常需要对捕捉点进行准确定位。常用到的方法就是"参照点定位"，可以用主梁或墙的某一个端节点作参照点。首先将鼠标指针移动到定位的参照点上，按 Tab 键后，鼠标即捕捉到参照点，在根据提示输入相对偏移值即可得到精确定位。

次梁的跨度一般为 4～6m，梁的高度 h 可取跨度的 $\frac{1}{12} \sim \frac{1}{18}$，梁的高度 h 与宽度 b 的关

系为 $\dfrac{h}{b} = 2{\sim}3$ 。

当梁的高度 $h \leqslant 800\text{mm}$ 时，h 为 50mm 的倍数，如 200mm、250mm、300mm、350mm、…、750mm、800mm 等。

当梁的高度 $h > 800\text{mm}$ 时，h 为 100mm 的倍数，如 900mm、1000mm、1100mm、1200mm 等。

对于 6m 的跨度，梁的高度 $h = \left(\dfrac{1}{12} \sim \dfrac{1}{18}\right) \times 6000\text{mm} = 333\text{mm} \sim 500\text{mm}$，取 $h = 400\text{mm}$，梁的宽度取 $b = 200\text{mm}$。

在"构件"菜单中选择"次梁"命令，在弹出的"次梁"中新建截面尺寸，如图 2.26 所示，最后布置的次梁如图 2.27 所示。

图 2.26 "次梁布置"对话框

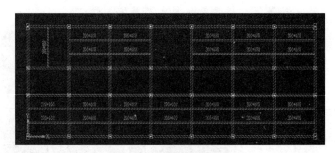

图 2.27 次梁平面布置图

4. 墙布置

PMCAD 中"墙布置"指的是承重墙布置，本例框架结构中没有承重墙，因此不需要执行墙布置，框架结构中填充墙按照梁间荷载考虑，参见"荷载"菜单中的"梁"，见 2.2.7 节。

5. 本层信息

在"构件"菜单中选择"本层信息"命令，弹出"标准层信息"对话框，如图 2.28 所示，在"标准层信息"对话框中可以输入板厚、材料强度等级、钢筋级别、层高等信息，按工程实际情况修改相应参数的信息。本例中修改板厚为 120mm，混凝土强度等级改为 C30，梁主筋级别改为 HRB400，柱主筋级别改为 HRB400，本标准层层高修改为 4400mm。

图 2.28 "标准层信息"对话框

💡 **注意**：(1) 此对话框必须打开并且单击"确定"按钮，否则会因缺少工程信息在数据检查时出错。

(2) 对话框中"本标准层层高"与实际工程中的层高没有关系，可不必修改，楼层的层高信息在"楼层组装"中输入。

6. 构件删除

当构件布置错误时，可在"构件"菜单中选择"构件删除"命令，弹出的对话框如图 2.29 所示。选择构件类型，选取要删除的构件即可删除。构件类型可多选。

图 2.29　"构件删除"对话框

7. 偏心对齐

偏心对齐

在"构件"菜单中选择"偏心对齐"命令，可以执行梁和柱的偏心功能。偏心可以通过三种方式实现：第一种在构件输入的时候可输入偏心值；第二种下拉菜单可通过鼠标右键选择构件属性，输入偏心值；第三种是通过"偏心对齐"下拉菜单，如图 2.30 所示，偏心对齐可批量完成构件的偏心。

在"偏心对齐"下拉菜单中选择"柱与梁齐"命令，可使柱与梁的某一边自动对齐，按轴线或窗口方式选择某一列柱时可使这些柱全部自动与梁对齐，这样在布置柱时不必输入偏心，省去人工计算偏心的过程。

选择"柱与梁齐"命令，再选择"边对齐"，并在命令行输入"Y"(此处在命令行输入命令，建议关闭输入法)，如图 2.31 所示。默认对齐方式为"光标方式"，可按 Tab 键切换为"轴线方式"或者"窗口方式"，此处以"轴线方式"为例，命令行提示"轴线方式：用光标选择轴线"，此时用光标选择 B 轴线的柱子，选取后，命令行提示"请用光标点取参考梁"，选取 B 轴线任意一根梁，即为参考梁，然后命令行提示"请用光标指出对齐边方向"，选取梁的上边缘，此时 B 轴线的柱子与所选取的参考梁上边缘对齐。

图 2.30　"偏心对齐"下拉菜单

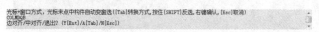

图 2.31　命令行的提示信息

采用同样的步骤完成①号轴线、④号轴线、A 轴线、C 轴线和 D 轴线柱子以及楼梯间柱子的对齐，如图 2.32 所示。

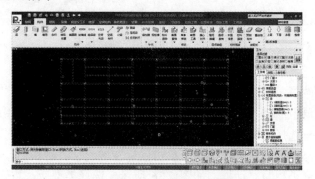

图 2.32　完成柱子的偏心对齐操作

2.2.5　楼板布置

在"楼板"菜单中选择"生成楼板"命令，自动生成楼板。选择"修改板厚"命令，在弹出的"修改板厚"对话框中将楼梯间板厚度修改为0，如图 2.33 所示。楼梯间不能开洞口，否则无法布置荷载，修改后的板厚度如图 2.34 所示。在屏幕下侧的快捷工具条按钮区，单击轴测视图图标 ，平面视图切换为轴测视图，如图 2.35 所示。

楼板布置

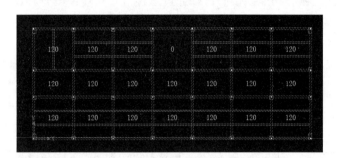

图 2.33　修改板厚　　　　　　　　　　　图 2.34　修改楼梯间板厚度

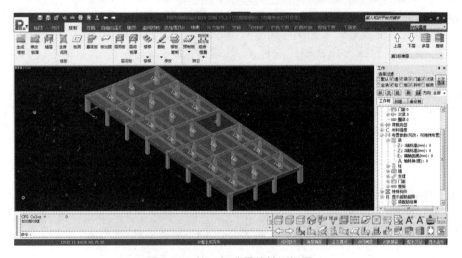

图 2.35　第 1 标准层的轴测视图

2.2.6　楼梯布置

在"楼板"菜单中选择"楼梯"命令，选择"布置"，光标处于识取状态，程序要求用户选择楼梯所在的矩形房间，当光标移到某一房间时，该房间边界将加亮，提示当前所在房间，单击鼠标左键确认。确认后，程序弹出选择楼梯布置类型的对话框，如图 2.36 所示，选择类型后，将弹出设置楼梯参数的

楼梯布置

对话框，对话框右上方为楼梯预览图，修改参数后，预览图与之联动。如图 2.37 所示，底层楼梯布置设置起始高度，即楼梯从室内±0.000 标高开始，故第 1 标准层楼梯起始高度为800mm(此数据为底层结构层高减去底层建筑层高)。

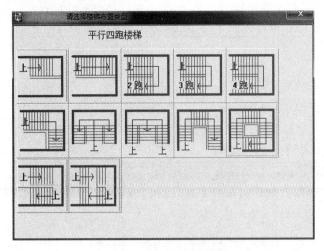

图 2.36　选择楼梯布置类型

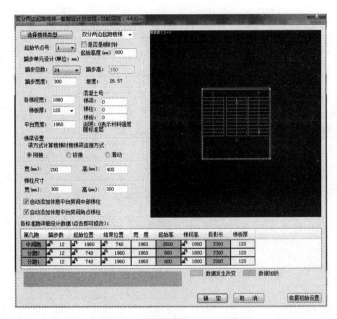

图 2.37　楼梯智能设计对话框

💡 **注意**：PKPM 中的层高为结构高度，注意与建筑高度区别。

2.2.7　荷载输入

荷载输入中恒荷载和活荷载均为标准值。

1. 楼面荷载

楼面恒荷载标准值：

15 mm 厚大理石面层	0.015×28=0.42 kN/m²
20 mm 厚混合砂浆结合层	0.02×17=0.34 kN/m²
20 mm 厚混合砂浆找平层	0.02×17=0.34 kN/m²
120 mm 厚钢筋混凝土现浇板	0.12×25=3.0 kN/m²
20 mm 厚混合砂浆板底抹灰	0.02×17=0.34 kN/m²
总计	4.44 kN/m²

取 4.50 kN/m²

楼梯间恒荷载标准值：8.0 kN/m²

办公楼活荷载标准值：2.0 kN/m²

办公楼走廊活荷载标准值：2.5 kN/m²

卫生间活荷载标准值：2.5 kN/m²

楼梯间活荷载标准值：3.5 kN/m²

民用建筑楼面均布活荷载的标准值及其组合值系数、频遇值系数和准永久值系数的取值，不应小于表 2.3 的规定。

表 2.3　民用建筑楼面均布活荷载标准值及其组合值、频遇值和准永久值系数

项次	类　别			标准值 (kN/m²)	组合值 系数 φ_c	频遇值 系数 φ_f	准永久值 系数 φ_q
1	(1)住宅、宿舍、旅馆、办公楼、医院病房、托儿所、幼儿园			2.0	0.7	0.5	0.4
	(2)试验室、阅览室、会议室、医院诊所			2.0	0.7	0.6	0.5
2	教室、食堂、餐厅、一般资料档案室			2.5	0.7	0.6	0.5
3	(1)礼堂、剧场、影院、有固定座位的看台			3.0	0.7	0.5	0.3
	(2)公共洗衣房			3.0	0.7	0.5	0.3
4	(1)商店、展览厅、车站、港口、机场大厅及旅客等候室			3.5	0.7	0.6	0.5
	(2)无固定座位的看台			3.5	0.7	0.5	0.3
5	(1)健身房、演出舞台			4.0	0.7	0.6	0.5
	(2)运动场、舞厅			4.0	0.7	0.6	0.3
6	(1)书库、档案库、贮藏室			5.0	0.9	0.9	0.8
	(2)密集柜书库			12.0	0.9	0.9	0.8
7	通风机房、电梯机房			7.0	0.9	0.9	0.8
8	汽车通道及客车停车库	(1)单向板楼盖(板跨不小于 2m)和双向板楼盖(板跨不小于 3m×3m)	客车	4.0	0.7	0.7	0.6
			消防车	35.0	0.7	0.5	0.0
		(2)双向板楼盖(板跨不小于 6m×6m)和无梁楼盖(柱网不小于 6m×6m)	客车	2.5	0.7	0.7	0.6
			消防车	20.0	0.7	0.5	0.0

续表

项次	类　别		标准值 (kN/m²)	组合值 系数 φ_c	频遇值 系数 φ_f	准永久值 系数 φ_q
9	厨房	(1)餐厅	4.0	0.7	0.7	0.7
		(2)其他	2.0	0.7	0.6	0.5
10	浴室、卫生间、盥洗室		2.5	0.7	0.6	0.5
11	走廊、门厅	(1)宿舍、旅馆、医院病房、托儿所、幼儿园、住宅	2.0	0.7	0.5	0.4
		(2)办公楼、餐厅、医院门诊部	2.5	0.7	0.6	0.5
		(3)教学楼及其他可能出现人员密集的情况	3.5	0.7	0.5	0.3
12	楼梯	(1)多层住宅	2.0	0.7	0.5	0.4
		(2)其他	3.5	0.7	0.5	0.3
13	阳台	(1)可能出现人员密集的情况	3.5	0.7	0.6	0.5
		(2)其他	2.5	0.7	0.6	0.5

注：1. 第 6 项书库活荷载当书架高度大于 2m 时，书库活荷载尚应按每米书架高度不小于 2.5kN/m² 确定。

2. 第 8 项中的客车活荷载仅适用于停放载人少于 9 人的客车；消防车活荷载适用于满载总重为 300kN 的大型车辆；当不符合本表的要求时，应将车轮的局部荷载按结构效应的等效原则，换算为等效均布荷载。

3. 第 8 项消防车活荷载，当双向板楼盖板跨介于 3m×3m～6m×6m 之间时，应按跨度线性插值确定。

4. 第 12 项楼梯活荷载，对预制楼梯踏步平板，尚应按 1.5kN 集中荷载验算。

5. 本表各项荷载不包括隔墙自重和二次装修荷载；对固定隔墙的自重应按永久荷载考虑，当隔墙位置可灵活自由布置时，非固定隔墙的自重应取不小于 1/3 的每延米长墙重(kN/m)作为楼面活荷载的附加值 (kN/m²)计入，且附加值不应小于 1.0kN/m²。

6. 表 2.3 所给各项活荷载适用于一般使用条件，当使用荷载较大、情况特殊或有专门要求时，应按实际情况采用。

建模程序 PMCAD 只有结构布置与荷载布置都相同的楼层才能成为同一结构标准层。标准层结构上的各类荷载，包括：①楼面恒活荷载；②非楼面传来的梁间荷载、次梁荷载、墙间荷载、节点荷载及柱间荷载；③人防荷载；④吊车荷载。

在"荷载"菜单，选择"恒活设置"命令，弹出"楼面荷载定义"对话框，输入楼板恒载(kN/m²) "4.5"，活载(kN/m²) "2.0"，单击"确定"按钮，如图 2.38 所示。

"自动计算现浇板自重"，该控制项是全楼的，即非单独对当前标准层。选中该项后程序会根据楼层各房间楼板的厚度，折合成该房间的均布面荷载，并将其叠加到该房间的面恒荷载值中。若选中该项，则输入的楼面恒载值中不应该再包含楼板自重；反之，则必须包含楼板自重。选中"自动计算现浇楼板自重"，如图 2.39 所示。

注意： 如果选中了"自动计算现浇楼板自重"，在输入的恒载一项中应扣除楼板自重，否则楼板自重会被重复计算。

在"荷载"菜单的"恒载"组中选择"板"命令，弹出"修改恒载"对话框，输入恒载值"8"，如图 2.40 所示，将楼梯间恒载修改为"8"，单击"楼梯间"，弹出提示对话框如图 2.41 所示，单击"确定"按钮；修改后的第 1 标准层恒荷载如图 2.42 所示。

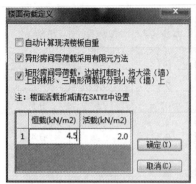

图 2.38 "楼面荷载定义"对话框

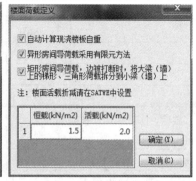

图 2.39 荷载定义

图 2.40 "修改恒载"对话框

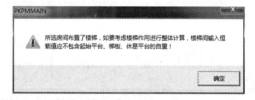

图 2.41 楼梯间荷载提示对话框

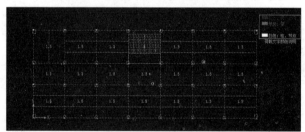

图 2.42 修改后的楼梯间恒荷载

荷载输入

注意：楼梯间板厚为 0，恒荷载输入 6～8 kN/m²，一般输入 7 kN/m² 即可。公共建筑和高层建筑的活荷载取值一般不小于 3.5 kN/m²，多层住宅楼梯活荷载可取 2.0 kN/m²。

在"荷载"菜单的"活载"组中选择"板"命令，将走廊、卫生间的活荷载修改为"2.5"，将楼梯间活荷载修改为"3.5"，如图 2.43 所示。

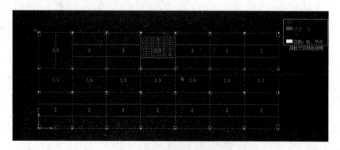

图 2.43 活荷载的修改

2. 梁间荷载

承重构件的自重,程序能够自动计算,非承重构件的自重或其他附加荷载要手动输入布置。如框架结构中填充墙的荷载通过梁间荷载来布置。

梁间荷载=(砌块的容重×墙的厚度+抹灰荷载)×(上一层楼层层高−梁高)。

$$q = (10 \times 0.2 + 0.02 \times 17 \times 2) \times (3.3 - 0.6) = 7.24 \text{ kN/m},取 7.5 \text{ kN/m}。$$

女儿墙荷载 $q = (10 \times 0.2 + 0.02 \times 17 \times 2) \times 1.2 = 3.22 \text{ kN/m}$,取 3.5 kN/m。

在"荷载"菜单的"恒载"组中选择"梁"命令,弹出"梁:恒载布置"对话框,如图 2.44 所示,单击"增加"按钮。然后选择荷载类型,对于框架结构填充墙选择第一类满跨均布线荷载,如图 2.45 所示。

图 2.44　"梁:恒载布置"对话框

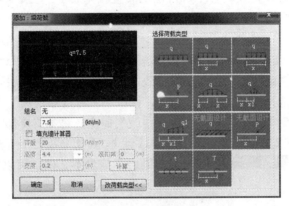

图 2.45　选择荷载类型

在输入荷载参数的对话框中输入荷载值 7.5(kN/m),并单击"确定"按钮,再次单击"增加"按钮,定义均布荷载"3.5(kN/m)",如图 2.46 所示。

单击荷载"7.5",选择"窗口"布置方式,窗选梁(也可以使用"轴线"布置方式或者"光标"布置方式,读者自行灵活选取),即可布置梁上恒荷载;选择"次梁恒载布置",布置左上角卫生间次梁恒荷载,操作与梁间荷载相同,布置的结果如图 2.47 所示。

提示: 在梁间荷载布置时必须结合建筑施工图,查看墙的布置情况,有墙的位置布置荷载,不要多布置,也不要遗漏。荷载输入一定要准确。

注意: 输入了梁(墙)荷载后,如果再做修改节点信息(删除节点、清理网点、形成网点、绘节点等)的操作,由于和相关节点相连的杆件的荷载将作等效替换(合并或拆分),所以此时应核对一下相关的荷载信息。

图 2.46　定义梁间荷载

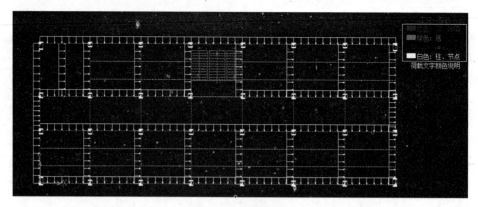

图 2.47　梁间荷载

2.2.8　第 2 标准层的布置

结构布置与荷载布置完成，第 1 标准层的布置就完成了。当第 1 标准层数据输入完成后，单击屏幕左上角标准层下拉工具条并选择"添加新标准层"，弹出"选择/添加标准层"对话框，如图 2.48 所示。选择"全部复制"，单击"确定"按钮，第 2 标准层复制完成。

当第 2 标准层与第 1 标准层中的构件或荷载布置不同时，可以进行相应的修改。第 2 标准层为楼层中间层，此次复制不作任何修改，主要考虑到楼梯间层高与第 1 标准层不同，在"构件"菜单中，选择"本层信息"命令，修改"本标准层层高"为"3300mm"，如图 2.49 所示。在"楼板"菜单中，选择"楼梯修改"命令，将本层楼梯的起始高度修改为 0，如图 2.50 所示。布置楼梯时注意查看对话框顶部提示的当前层高是否正确，双分两边起跑楼梯——智能设计对话框<当前层高：3300>。如果层高信息不正确，可以将原楼梯删除，重新布置。

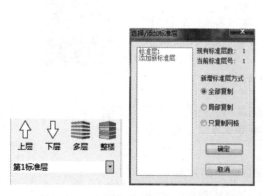

图 2.48　"选择/添加标准层"对话框

第 2 标准层的布置

图 2.49　第 2 标准层的信息

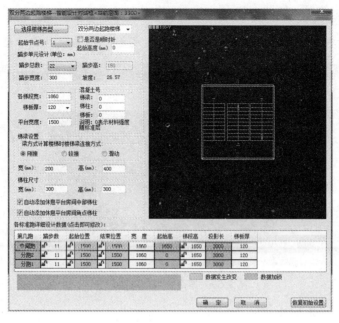

图 2.50　第 2 标准层的楼梯信息

2.2.9　第 3 标准层的布置

选择/添加标准层，第 3 标准层与第 2 标准层中的荷载布置不同时，进行相应的修改。第 3 标准层为结构屋面层，为不上人屋面，不需要布置楼梯，修改次梁布置的具体操作如下。

(1)　删除楼梯，如图 2.51 所示。

(2)　修改次梁布置，如图 2.52 所示。

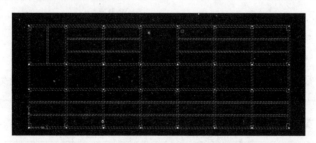

第 3 标准层布置

图 2.51　在第 3 标准层中删除楼梯

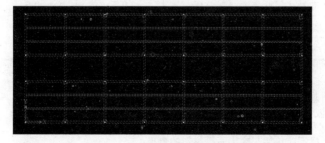

图 2.52　第 3 标准层的梁布置图

(3) 修改本层信息，如图 2.53 所示。重新生成楼板。

提示：当梁布局有变化时(增加梁或者删除梁截面)，都应该执行"楼板生成"。

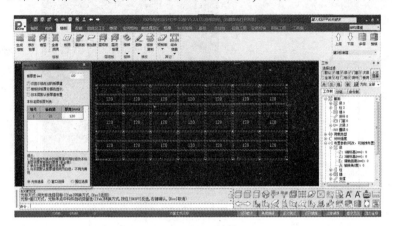

图 2.53　第 3 标准层本层信息

(4) 修改第 3 标准层的荷载。

屋面恒荷载标准值：

40mm 厚细石混凝土	$0.04 \times 25 = 1.0 \text{ kN/m}^2$
三毡四油沥青防水卷材上铺绿豆沙	0.4 kN/m^2
50mm 厚水泥砂浆找平层	$0.05 \times 20 = 1.0 \text{ kN/m}^2$
40mm 厚水泥珍珠岩	$0.04 \times 6 = 0.24 \text{ kN/m}^2$
120mm 厚钢筋混凝土现浇板	$0.12 \times 25 = 3.0 \text{ kN/m}^2$
20mm 厚混合砂浆板底抹灰	$0.02 \times 17 = 0.34 \text{ kN/m}^2$

总计　　　　　　　　　　　　　　　5.98 kN/m^2

取 6.0 kN/m^2

屋面荷载如表 2.4 所示。

表 2.4　屋面均布活荷载标准值及其组合值系数、频遇值系数和准永久值系数

项次	类别	标准值 (kN/m²)	组合值 系数 φ_c	频遇值 系数 φ_f	准永久值 系数 φ_q
1	不上人的屋面	0.5	0.7	0.5	0.0
2	上人的屋面	2.0	0.7	0.5	0.4
3	屋顶花园	3.0	0.7	0.6	0.5
4	屋顶运动场地	3.0	0.7	0.6	0.4

注：① 不上人的屋面，当施工或维修荷载较大时，应按实际情况采用；对不同类型的结构应按有关设计规范的规定采用，但不得低于 0.3 kN/m^2。

② 当上人的屋面兼作其他用途时，应按相应楼面活荷载采用。

③ 对于因屋面排水不畅、堵塞等引起的积水荷载，应采取构造措施加以防止；必要时，应按积水的可能深度确定屋面活荷载。

④ 屋顶花园活荷载不应包括花圃土石等材料的自重。

本例中屋面层与楼面层的荷载不同，单击"恒活设置"，默认选中"自动计算现浇楼板自重"复选框,输入楼板的恒荷载"3(kN/m²)"(扣除 120mm 厚钢筋混凝土现浇板自重,3 kN/m²),活荷载"0.5(kN/m²)",单击"确定"按钮,如图 2.54 所示。

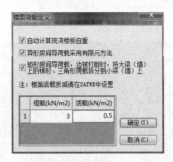

图 2.54　"楼面荷载定义"对话框

将楼梯间的恒荷载"8(kN/m²)"修改为 3.00,如图 2.55 所示。将走廊、卫生间活荷载"2.5(kN/m²)"和楼梯间活荷载"3.5"均修改为 0.5(kN/m²),如图 2.56 所示。

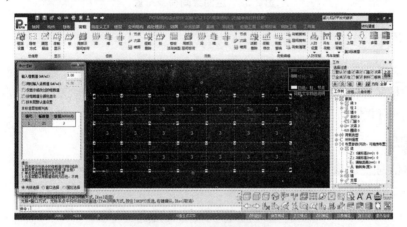

图 2.55　恒荷载值的修改

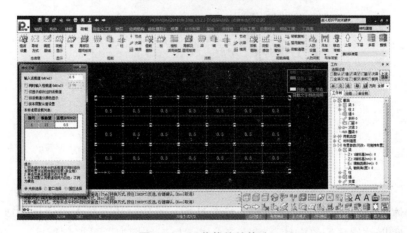

图 2.56　活荷载值的修改

(5) 修改梁荷载。

在"荷载"菜单中选择"恒载删除"命令,删除第 3 标准层上所有的梁间荷载;然后选取荷载 3.5(kN/m)，更改为"轴线"方式布置。屋面梁间荷载布置简图如图 2.57 所示。

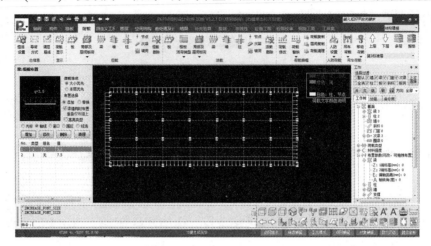

图 2.57　屋面梁间荷载布置

2.2.10　设计参数

单击"楼层"菜单，选择"设计参数"，弹出"楼层组装—设计参数"对话框，如图 2.58 所示，按实际情况输入工程设计参数。设计参数中共分"总信息""材料信息""地震信息""风荷载信息"和"钢筋信息"5 个选项卡。

1. 总信息

在"总信息"选项卡中对"结构体系""结构主材""弯矩调幅系数"等参数进行修改。

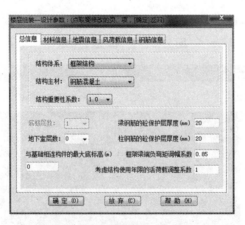

图 2.58　"总信息"选项卡

"结构体系"共 15 种：框架结构、框剪结构、框筒结构、筒中筒结构、剪力墙结构、砌体结构、底框结构、配筋砌体、板柱剪力墙、异形柱框架、异形柱框剪、部分框支剪力墙结构、单层钢结构厂房、多层钢结构厂房、钢框架结构。

"结构主材"共 5 种：钢筋混凝土、钢-混凝土、有填充墙钢结构、无填充墙钢结构、砌体。

"结构重要性系数"：可选择 1.1、1.0、0.9。

"地下室层数"：进行 TAT、SATWE 计算时，此参数对地震作用、风荷载作用、地下人防等因素有影响。程序结合地下室层数和层底标高判断楼层是否为地下室，例如输入 3，则层底标高最低的 3 层判断为地下室。

"与基础相连构件的最大底标高"：该标高是程序自动生成接基础支座信息的控制参数。该参数一般不设置，在"楼层组装"对话框中选中左下角"生成与基础相连的墙柱支座信息"选项，程序将自动判断并设置支座信息。

"梁钢筋的混凝土保护层厚度"：默认值为 20mm。

构件中普通钢筋及预应力筋的混凝土保护层厚度应满足下列要求。

(1) 构件中受力钢筋的保护层厚度不应小于钢筋的公称直径 d。

(2) 设计使用年限为 50 年的混凝土结构，最外层钢筋的保护层厚度应符合表 2.5 的规定；设计使用年限为 100 年的混凝土结构，最外层钢筋的保护层厚度不应小于表 2.5 中数值的 1.4 倍。

表 2.5 混凝土保护层的最小厚度 c(mm)

环境类别	板、墙		梁、柱、杆		基础梁（顶面和侧面）		独立基础、条形基础、筏形基础（顶面和侧面）	
	≤25	≥30	≤25	≥30	≤25	≥30	≤25	≥30
一	20	15	25	20	25	20	—	—
二 a	25	20	30	25	30	25	25	20
二 b	30	25	40	35	40	35	30	25
三 a	35	30	45	40	45	40	35	30
三 b	45	40	55	50	55	50	45	40

注：① 表 2.5 中混凝土保护层厚度指最外层钢筋外边缘至混凝土表面的距离，适用于设计工作年限为 50 年的混凝土结构。

② 构件中受力钢筋的保护层厚度不应小于钢筋的公称直径。

③ 一类环境中，设计工作年限为 100 年的结构最外层钢筋的保护层厚度不应小于表中数值的 1.4 倍；二、三类环境中，设计工作年限为 100 年的结构应采取专门的有效措施；四类和五类环境的混凝土结构，其耐久性要求应符合国家现行有关标准的规定。

④ 钢筋混凝土基础宜设置混凝土垫层，基础底部钢筋的混凝土保护层厚度应从垫层顶面算起，且不应小于 40mm；无垫层时，不应小于 70mm。

⑤ 灌注桩的纵向受力钢筋的混凝土保护层厚度不应小于 50mm，腐蚀环境中桩的纵向受力钢筋的混凝土保护层厚度不应小于 55mm。

⑥ 桩基承台及承台梁：承台底面钢筋的混凝土保护层厚度，当有混凝土垫层时，不应小于 50mm，无垫层时不应小于 70mm；此外尚不应小于桩头嵌入承台内的长度。

"柱钢筋的混凝土保护层厚度"：默认值为 20mm。

"框架梁端负弯矩调幅系数"：在竖向荷载作用下，可考虑框架梁端塑性内力重分布，对梁端的负弯矩乘以弯矩调幅系数。调幅系数取值范围是 0.7～1.0，一般工程取 0.85。

"考虑结构使用年限的活荷载调整系数"(γ_L)：默认值为 1.0。根据新版《建筑结构荷载规范》(GB 50009—2012)，楼面和屋面活荷载考虑设计使用年限的调整系数 γ_L 详见表 2.6。

表 2.6　楼面和屋面活荷载考虑设计使用年限的调整系数 γ_L

结构设计使用年限(年)	5	50	100
γ_L	0.9	1.0	1.1

注：① 当设计使用年限不为表中数值时，调整系数 γ_L 可按线性内插确定。

② 对于荷载标准值可控制的活荷载，设计使用年限调整系数 γ_L 取 1.0。

2. 材料信息

在"材料信息"选项卡中修改混凝土容重、梁箍筋级别、柱箍筋级别，如图 2.59 所示。将混凝土容重修改为 26，梁箍筋级别修改为 HRB400，柱箍筋级别修改为 HRB400。

"混凝土容重"(kN/m³)：根据新版《建筑结构荷载规范》(GB 50009—2012)的附录 A 确定。一般情况下，钢筋混凝土容重取 25 kN/m³，当考虑构件表面粉刷重量后，混凝土容重宜取 26~27 kN/m³。对于框架结构、框架剪力墙及框架-核心筒结构可取 26 kN/m³，剪力墙结构可取 27 kN/m³。由于程序在计算构件自重时并没有扣除梁板、梁柱重叠部分，所以结构整体分析计算时，混凝土容重一般不应大于 27 kN/m³。

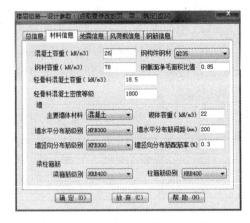

图 2.59　"材料信息"选项卡

"钢容重"(kN/m³)：根据新版《建筑结构荷载规范》的附录 A 确定。一般情况下，钢材容重为 78 kN/m³。若要考虑钢构件表面装修层重时，钢材的容重可填入适当值。

"轻骨料混凝土容重"(kN/m³)：根据新版《建筑结构荷载规范》的附录 A 确定。

"轻骨料混凝土密度等级"：默认值为 1800。

"钢构件钢材"：Q235、Q345、Q390、Q420、Q460、Q500、Q550、Q620、Q690、Q235GJ、Q345GJ、Q390GJ、Q420GJ、Q460GJ、LQ550。根据《钢结构设计规范》(GB 50017—2017)3.4.1 条及其他相关规范确定。

"钢截面净毛面积比值"：钢构件截面净面积与毛面积的比值。

"主要墙体材料"：混凝土、烧结砖、蒸压砖、混凝土砌块。

"砌体容重"(kN/m³)：根据新版《建筑结构荷载规范》的附录 A 确定。

"墙水平分布筋类别"：HPB300、HRB335、HRB400、HRB500、CRB550、CRB600、HTRB600、T63、HPB235。

"墙竖向分布筋类别"：HPB300、HRB335、HRB400、HRB500、CRB550、CRB600、HTRB600、T63、HPB235。

"墙水平分布筋间距"(mm)：取值 100~400。

"墙竖向分布筋配筋率"(%)：取值 0.15~1.20。

"梁箍筋类别"：HPB300、HRB335、HRB400、HRB500、CRB550、CRB600、HTRB600、T63、HPB235。

"柱箍筋类别"：HPB300、HRB335、HRB400、HRB500、CRB550、CRB600、HTRB600、T63、HPB235。

💡 **注意**：对于新建工程，构件的钢筋级别默认值，从 V4.2 版本程序开始，梁、柱主筋及箍筋都改为 HRB400，墙主筋改为 HRB400，水平分布筋改为 HPB300，竖向分布筋改为 HRB335。

3. 地震信息

在地震信息中进行"设计地震分组""地震烈度""场地类别""抗震等级"以及"计算振型个数"等的设置，如图 2.60 所示。

"设计地震分组"：根据新版《建筑抗震设计规范(2016 年版)》(GB 50011—2010)的附录 A 规定。

"地震烈度"：6(0.05g)、7(0.1g)、7(0.15g)、8(0.2g)、8(0.3g)、9、(0.4g)、0(不设防)。

我国主要城镇抗震设防烈度、设计基本地震加速度和设计地震分组详见本书后面的附录 C。

"场地类别"：I_0 一类、I_1 一类、II 二类、III 三类、IV 四类、V 上海专用。根据新版《建筑抗震设计规范》4.1.6 条和 5.1.4 条调整。

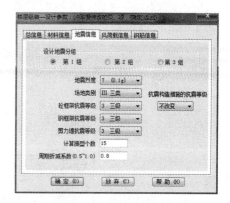

图 2.60　"地震信息"选项卡

"砼框架抗震等级"：0 特一级、1 一级、2 二级、3 三级、4 四级、5 非抗震(注：数字 0～5 与后面的等级有对应关系)。根据《建筑抗震设计规范》的表 6.1.2 确定。

"钢框架抗震等级"：0 特一级、1 一级、2 二级、3 三级、4 四级、5 非抗震。抗震等级按表 2.7 确定。

表 2.7　钢结构房屋的抗震等级

房屋高度	抗震设防烈度			
	6	7	8	9
≤50m		四	三	二
>50m	四	三	二	一

注：① 高度近似或等于高度分界时，应允许结合房屋不规则程度和场地、地基条件确定抗震等级。

② 一般情况下，构件的抗震等级应与结构相同；当某个部位各构件的承载力均满足 2 倍地震作用组合下的内力要求时，7～9 度的构件抗震等级应允许按降低一度确定。

"剪力墙抗震等级"：0 特一级、1 一级、2 二级、3 三级、4 四级、5 非抗震。

"抗震构造措施的抗震等级"：提高二级、提高一级、不改变、降低一级、降低二级。根据新版《高层建筑混凝土结构技术规程》3.9.7 条调整。

"计算振型个数"：根据《建筑抗震设计规范》5.2.2 条的说明确定。振型数应至少取 3，为了使每阶振型都尽可能地得到两个平动振型和一个扭转振型，由于 SATWE 中程序按三个振型一页输出，所以振型数最好为 3 的倍数。当考虑扭转耦联计算时，振型数不应小于 9。对于多塔结构振型数应大于 12。但也要特别注意一点：此处指定的振型数不能超过结构固有振型的总数。

"周期折减系数"：周期折减是为考虑框架结构、框架剪力墙结构及框架筒体结构等结构中填充墙刚度对计算周期的影响。对于框架结构，若填充墙较多，周期折减系数可取 0.6～0.7，填充墙较少时可取 0.7～0.8，对于框架-剪力墙结构，可取 0.8～0.9，纯剪力墙结构的周期可不折减。对于其他结构体系或采用其他非承重墙体时，可根据工程情况确定周期折减系数。

房屋建筑混凝土结构构件的抗震设计，应根据设防类别、烈度、结构类型和房屋高度采用不同的抗震等级，并应符合相应的计算和构造措施要求。丙类建筑的抗震等级应按表 2.8 确定。

表 2.8　现浇钢筋混凝土房屋的抗震等级

（下列各组数据下方的 6、7、8、9 均为"设防烈度"，每一烈度下按高度分列）

结构类型		6		7			8			9	
框架结构	高度(m)	≤24	>24	≤24	>24		≤24	>24		≤24	
	普通框架	四	三	三	二		二	一		一	
	大跨度框架	三		二			一			一	
框架-抗震墙结构	高度(m)	≤60	>60	≤24	25～60	>60	≤24	25～60	>60	≤24	25～50
	框架	四	三	四	三	二	三	二	一	二	一
	剪力墙	三		三			二			一	
抗震墙结构	高度(m)	≤80	>80	≤24	25～80	>80	≤24	25～80	>80	≤24	25～60
	剪力墙	四	三	四	三	二	三	二	一	二	一
部分框支抗震墙结构	高度(m)	≤80	>80	≤24	25～80	>80	≤24	25～80			
	剪力墙 一般部位	四	三	四	三	二	三	二			
	剪力墙 加强部位	三	三	三	二	一	二	一			
	框支层框架	二		二			一				
框架-核心筒结构	框架	三		二			一			一	
	核心筒	二		二			一			一	
筒中筒结构	外筒	三		二			一			一	
	内筒	三		二			一			一	
板柱-抗震墙结构	高度(m)	≤35	>35	≤35	>35		≤35	>35			
	板柱及周边框架	三	三	二	二		一	二			
	抗震墙	二	二	二	二		二	一			

注：① 建筑场地为Ⅰ类时，除 6 度设防烈度外应允许按表内降低一度所对应的抗震等级采取抗震构造措施，但相应的计算要求不应降低。

② 接近或等于高度分界时，应允许结合房屋不规则程度及场地、地基条件确定抗震等级。

③ 大跨度框架指跨度不小于 18m 的框架。

④ 房屋高度不大于 60m 的框架-核心筒结构按框架-剪力墙结构的要求设计时，应按表中框架-剪力墙结构确定抗震等级。

钢结构房屋应根据设防分类、烈度和房屋高度采用不同的抗震等级，并应符合相应的计算和构造措施。

4. 风荷载信息

在"风荷载信息"选项卡中设置"修正后的基本风压"和"地面粗糙度类别"信息，如图 2.61 所示。

地面粗糙度可分为 A、B、C、D 四类：A 类指近海海面和海岛、海岸、湖岸及沙漠地区；B 类指田野、乡村、丛林、丘陵以及房屋比较稀疏的乡镇；C 类指有密集建筑群的城市市区；D 类指有密集建筑群且房屋较高的城市市区。

全国各城市的风压详见本书后面的附录 D。

5. 钢筋信息

钢筋信息中显示钢筋的抗拉强度设计值，如图 2.62 所示为《混凝土结构设计规范》(GB 50010—2010)中的规定值，一般不做修改。

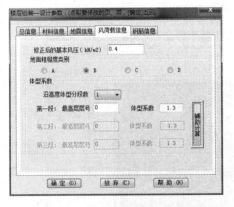

图 2.61　"风荷载信息"选项卡

图 2.62　"钢筋信息"选项卡

以上 PMCAD 模块"设计参数"对话框中的各类设计参数，当用户执行"保存"命令时，会自动存储到.JWS 文件中，对后续各种结构计算模块均起控制作用。

注意：　"设计参数"对话框必须打开并单击"确定"按钮，否则会缺少工程信息，在数据检查时出错。

2.2.11　楼层组装

楼层组装

单击"楼层组装"，弹出"楼层组装"对话框，如图 2.63 所示。在该对话框中完成全楼各自然层的组装工作，分三步操作。

输入"复制层数"为"1"，取"第 1 标准层"，"层高"为"4400"。

输入"复制层数"为"4"，取"第 2 标准层"，"层高"为"3300"。

输入"复制层数"为"1"，取"第 3 标准层"，"层高"为"3300"。

注意：　为保证底层竖向构件计算长度正确，楼层底标高应从基础顶面起算。

本例中底层层高 3.6m，室内外高差 0.3m，基础埋深 0.5m，所以底层层高为

3.6m+0.3m+0.5m=4.4m。

单击"确定"按钮，完成楼层组装。在 PMCAD 界面的右上角单击"整楼"按钮，显示整楼模型，如图 2.64 所示。

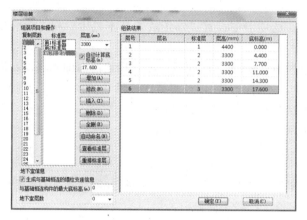

图 2.63　　"楼层组装"对话框

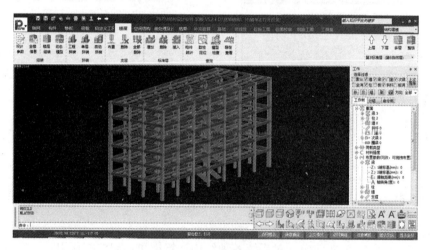

图 2.64　整楼模型

2.2.12　退出建模程序

单击"保存"按钮，将已完成的模型数据存储在磁盘中。随时保存文件可防止因程序的意外中断而丢失已输入的数据。

提示： 建议在建模过程中养成每完成一部分工作都及时保存模型数据的良好习惯，以免发生中断，丢失数据。

选择"计算分析"菜单中的"前处理及计算"命令，或直接在下拉列表中选择"SATWE分析设计"模块，程序会给出"是否保存本次对模型的修改"的选项，如果选择"不保存"，则程序不保存已做的操作并直接退出交互建模程序。选择"保存"按钮，如图 2.65 所示。首次建模，对提示的"自动进行 SATWE 生成数据+全部计算"不选中，如果后续生成数据，且不修改，可选中此选项。接着弹出选择后续操作对话框，如图 2.66 所示。单击"确定"

按钮，程序自动完成导荷、数据检查、数据输出等工作。

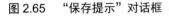

图 2.65　"保存提示"对话框

图 2.66　选择退出过程中执行操作对话框

如果建模工作没有完成，只是临时存盘退出程序，则这几个选项可不必执行，因为其执行需要耗费一定时间，可以只单击"仅存模型"按钮退出建模程序。

如建模已经完成，准备进行设计计算，则应执行这几个功能选项。各选项含义如下。

(1) 生成梁托柱、墙托柱的节点：如模型有梁托上层柱或斜柱，墙托上层柱或斜柱的情况，则应执行这个选项，当托梁或托墙的相应位置上没有设置节点时，程序自动增加节点，以保证结构设计计算的正确进行。

(2) 清除无用的网格、节点：模型平面上的某些网格节点可能是由某些辅助线生成，或由其他层拷贝而来，这些网点可能不关联任何构件，也可能会把整根梁或墙打断成几截，打碎的梁会增加后面的计算负担，不能保持完整梁墙的设计概念，有时还会带来设计误差，因此应选择此项把它们自动清理掉。执行此项后再进入模型时，原有各层无用的网格、节点都将被自动清理删除。此项程序默认不选中。

(3) 检查模型数据：选中此项后程序会对整楼模型可能存在的不合理之处进行检查和提示，用户可以选择返回建模核对提示内容、修改模型，也可以直接继续退出程序。目前该项检查包含的内容有以下几点。

① 墙洞超出墙高。

② 两节点间网格数量超过 1 段。

③ 柱、墙下方无构件支撑并且没有设置成支座(柱、墙悬空)。

④ 梁系没有竖向杆件支撑从而悬空(飘梁)。

⑤ 广义楼层组装时，因为底标高输入有误等原因造成该层悬空。

⑥ ±0 以上楼层输入了人防荷载。

⑦ 无效的构件截面参数。

(4) 生成遗漏的楼板：如果某些层没有执行"生成楼板"命令，或某层修改了梁墙的布置，对新生成的房间没有再用"生成楼板"去生成，则应再次执行"生成楼板"命令。程序会自动将各层及各层各房间遗漏的楼板自动生成。遗漏楼板的厚度取自各层信息中定义的楼板厚度。

(5) 楼面荷载导算：程序做楼面上恒载、活载的导算。完成楼板自重计算，并对各层、各房间做从楼板到房间周围梁墙的导算，如有次梁则先做次梁导算。生成作用于梁墙的恒荷载、活荷载。程序默认退出时勾选上。

(6) 竖向导荷：完成从上到下顺序各楼层恒、活荷载的线导，生成作用在底层基础上的荷载。由于 SATWE 计算时不需要这部分数据，所以程序默认退出时不选中。PK 及基础模块需要这部分数据，需要进行选中。

(7) SATWE 生成数据+全部计算：建模程序退出时，会自动调用 SATWE "生成数据+

保存建模程序

全部计算"的功能。此项程序默认不选中。

另外，确定退出此对话框时，无论是否选中任何选项，程序都会进行模型各层网点、杆件的几何关系分析，为后续的结构设计菜单做必要的数据准备。同时对整体模型进行检查，找出模型中可能存在的缺陷，并进行提示。

取消退出此对话框时，只进行存盘操作，而不执行任何数据处理和模型几何关系分析，适用于建模未完成时临时退出等情况。

至此，建立模型阶段的工作全部完成，可以转入结构计算分析阶段的工作。

2.3 荷载校核

进入 SATWE 程序后的第一项菜单是平面荷载显示校核。该功能主要是检查交换输入和自动导算的荷载是否准确，不会对荷载结果进行修改或重写，也有荷载归档的功能，其主界面如图 2.67 所示。"荷载校核"可检查"平面荷载""竖向导荷""板信息"三项信息。"荷载校核"对话框下方有"图纸输出"按钮如图 2.68 所示。图形输出的路径及相关设置如图 2.69 所示。"竖向导荷"如图 2.70 所示，"板信息"如图 2.71 所示。

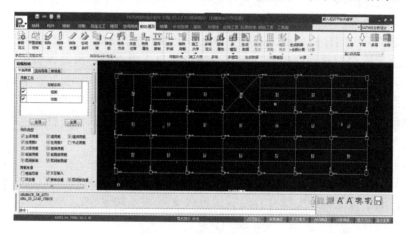

图 2.67　平面荷载校核

图 2.68　荷载校核图纸输出的设置

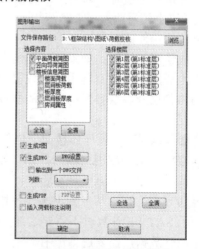

图 2.69　图形输出的设置

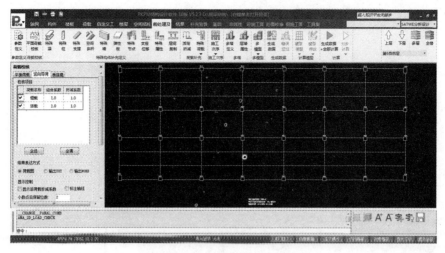

图 2.70　"竖向导荷"的设置

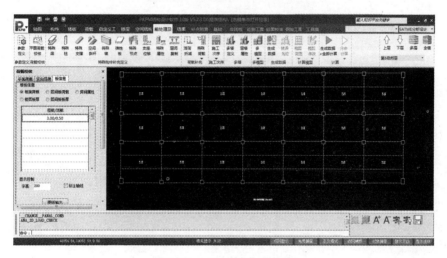

图 2.71　"板信息"的设置

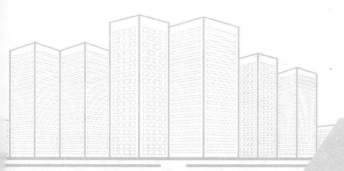

第 3 章　SATWE(结构空间有限元分析设计)软件介绍

※ 【内容提要】

本章主要内容包括：接 PM 生成 SATWE 数据、补充输入及 SATWE 数据生成、图形检查、结构内力与配筋计算以及结果显示查看。本章教学内容的重点是：补充输入参数，在计算前对图形进行检查。本章教学内容的难点是：分析和查看 SATWE 的计算结果。

※ 【能力要求】

通过对本章内容的学习，学生应熟练掌握使用 SATWE 结构空间有限元分析设计软件对模型的计算，掌握通过图形检查来查看 PMCAD 模型是否正确，理解计算结果中混凝土构件配筋及钢构件验算简图，了解查看 SATWE 计算结果。

SATWE 是 Space Analysis of Tall-Buildings with Wall-Element 的缩写，SATWE 软件是多层及高层建筑结构空间有限元分析与设计软件，具有模型化、误差小、分析精度高、计算速度快、解题能力强等特点。

SATWE 是专门为多、高层建筑结构分析与设计而研制的空间结构有限元分析软件，适用于各种复杂体型的高层钢筋混凝土框架、框剪、剪力墙、筒体结构等，以及钢-混凝土混合结构和高层钢结构。

SATWE 的基本功能如下。

(1) 可自动读取 PMCAD 产生的建模数据、荷载数据，并自动转换成 SATWE 所需的几何数据和荷载数据格式。

(2) 程序中的空间杆单元除了可以模拟常规的柱、梁外，通过特殊构件定义，还可以有效地模拟铰接梁、支撑等。特殊构件记录在 PMCAD 建立的模型中，这样可以随着 PMCAD 建模变化而变化，实现 SATWE 与 PMCAD 的互动。

(3) 随着工程应用的不断拓展，SATWE 可以计算的梁、柱及支撑的截面类型和形状类型越来越多。梁、柱及支撑的截面类型在 PMCAD 建模模块中定义。混凝土结构的矩形截面和圆形截面是最常用的截面类型。对于钢结构来说，工字形截面、箱形截面和型钢截面是最常用的截面类型。除此之外，PKPM 的截面类型还有以下重要的几类：常用异型混凝土截面，如 L 形、T 形、十字形、Z 形混凝土截面；型钢混凝土组合截面；柱的组合截面；柱的格构柱截面；自定义任意多边形异型截面；自定义任意多边形、钢结构、型钢的组合截面。

对于自定义任意多边形异型截面和自定义任意多边形、钢结构、型钢的组合截面，需要用广用人机交互的操作方式定义，其他类型的定义都是用参数输入，程序提供针对不同类型截面的参数输入对话框，输入非常简便。

(4) 剪力墙的洞口仅考虑矩形洞，无须为结构模型简化而对洞进行额外计算。墙的材料可以是混凝土、砌体或轻骨料混凝土。

(5) 考虑了多塔、错层、转换层及楼板局部开大洞口等结构的特点，可以高效、准确地分析这些特殊结构。

(6) SATWE 也适用于多层结构、工业厂房以及体育场馆等各种复杂结构，并实现了在三维结构分析中考虑活荷载不利布置功能、底框结构计算和吊车荷载计算。

(7) 自动考虑了梁、柱的偏心、刚域影响。

(8) 具有剪力墙墙元和弹性楼板单元自动划分功能。

(9) 具有较完善的数据检查和图形检查功能，以及较强的容错能力。

(10) 具有模拟施工加载过程的功能，并可以考虑梁上的活荷载不利布置作用。

(11) 可任意指定水平力作用方向，程序自动按转角进行坐标变换及风荷载导算；还可根据用户需要进行特殊风荷载计算。

(12) 在单向地震力作用时，可考虑偶然偏心的影响；可进行双向水平地震作用下的扭转地震作用效应计算；可计算多方向输入的地震作用效应；可按振型分解反应谱方法计算竖向地震作用；对于复杂体形的高层结构，可采用振型分解反应谱法进行耦联抗震分析和动力弹性时程分析。

(13) 对于高层结构，程序可以考虑 P-Δ 效应。

(14) 对于底层框架抗震墙结构，可接力 QITI 整体模型计算作底框部分的空间分析和配筋设计；对于配筋砌体结构和复杂砌体结构，可进行空间有限元分析和抗震验算(用于 QITI 模块)。

(15) 可进行吊车荷载的空间分析和配筋设计。

(16) 可考虑上部结构与地下室的联合工作，上部结构与地下室可同时进行分析与设计。

(17) 具有地下室人防设计功能，在进行上部结构分析与设计的同时即可完成地下室的人防设计。

(18) SATWE 计算完以后，可接力施工图设计软件绘制梁、柱、剪力墙施工图；接力钢结构设计软件绘钢结构施工图。

(19) 可为 PKPM 系列中基础设计软件 JCCAD、BOX 提供底层柱、墙内力作为其组合设计荷载的依据，从而使各类基础设计中数据准备的工作大大简化。

3.1　SATWE 软件的特点与操作简介

3.1.1　SATWE 软件的应用范围

(1) 结构层数(高层版)≤200。

(2) 每层梁数≤8000。

(3) 每层柱数≤5000。

(4) 每层墙数≤3000。

(5) 每层支撑数≤2000。

(6) 每层塔数≤9。

(7) 每层刚性楼板数≤99。

(8) 结构总自由度数不限。

3.1.2　SATWE 软件多层版本与高层版本的区别

(1) 多层版限八层以下(包括八层)。

(2) 多层版没有弹性楼板交互定义功能。

(3) 多层版没有动力时程分析、吊车荷载分析、人防设计功能。

(4) 多层版没有与 FEQ 的数据接口。

3.1.3　SATWE 软件的具体操作步骤

(1) 接力 PMCAD 生成 SATWE 数据。

(2) 结构内力与配筋计算。

(3) PMCAD 的次梁内力与配筋计算。

(4) 分析结果图形和文本显示。

(5) 结构的弹性动力时程分析。

(6) 框支剪力墙有限元分析。

(7) 计算结果对比程序(测试版)。

3.1.4 SATWE-8 软件的具体操作步骤

(1) 接力 PMCAD 生成 SATWE 数据。

(2) 结构内力与配筋计算。

(3) PMCAD 次梁内力与配筋计算。

(4) 分析结果图形和文本显示。

(5) 计算结果对比程序(测试版)。

3.2 接力 PMCAD 生成 SATWE 数据

SATWE 分析设计的 Ribbon 菜单如图 3.1 所示，主要包括"设计模型前处理""分析模型及计算、"计算结果"等几个主要标签。旧版中的平面荷载校核、次梁计算、SATWE 后处理的各类补充验算及弹性时程分析也集成在此标签中。每一个标签是由许多功能组组成的，如"设计模型前处理"标签是由"参数""多塔定义""多模型定义""设计模型补充(标准层)""设计模型补充(自然层)"这些组组成。每一个组是一些密切相关功能的集合，如"多塔定义"组是由"多塔定义""遮挡定义""层塔属性"三项菜单组成，方便对相关菜单的查找。

计算分析

图 3.1 SATWE 分析界面

3.2.1 参数定义

对于一个新建工程，在 PMCAD 模型中已经包含了部分参数，这些参数可以为 PKPM 系列的多个软件模块所公用，但对于结构分析而言并不完备。SATWE 在 PMCAD 参数的基础上，提供了一套更为丰富的参数，以适应结构分析和设计的需要。

在选择"参数定义"命令后，弹出"分析和设计参数补充定义"对话框，如图 3.2 所示。共十四页，分别为：总信息、包络信息、计算控制信息、高级参数、风荷载信息、地震信息、活荷信息、调整信息、设计信息、配筋信息、荷载组合、地下室信息、砌体结构、广东规程、性能设计和鉴定加固。

在第一次启动 SATWE 主菜单时，程序自动将所有参数赋予初值。其中，对于 PMCAD 设计参数中已有的参数，程序读取 PMCAD 信息作为初值，其他的参数则取多数工程中常用值作为初值。此后每次执行"参数定义"时，SATWE 将自动读取信息，并在退出菜单时保存用户修改的内容。对于 PMCAD 和 SATWE 共有的参数，程序是自动联动的，任一处修改，则两处将同时改变。

1. 总信息

"总信息"选项页(见图 3.2)中的选项说明如下。

(1)　水平力与整体坐标夹角：该参数为地震力、风荷载作用方向与结构整体坐标的夹角。一般不建议修改该参数。

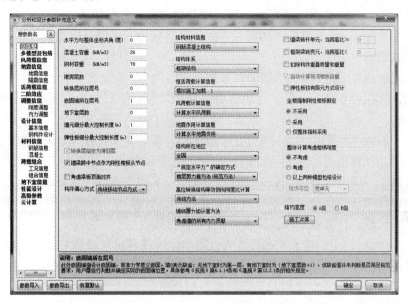

图 3.2　"分析和设计参数补充定义"对话框

(2)　混凝土容重(kN/m³)：一般情况下，钢筋混凝土容重取 25，当考虑构件表面粉刷重量后，混凝土容重宜取 26～27。对于框架结构、框架剪力墙及框架-核心筒结构混凝土容重可取 26，剪力墙结构混凝土容重可取 27。由于程序在计算构件自重时并没有扣除梁板、梁柱重叠部分，所以结构整体分析计算时，混凝土容重一般不应大于 27。

(3)　钢材容重(kN/m³)：一般情况下，钢材容重为 78。

(4)　裙房层数：对于带裙房的大底盘多塔结构，应输入裙房所在自然层号。

(5)　转换层所在层号：填写本信息，程序即判断该结构为带转换层结构。层号应按 PMCAD 楼层组装中的自然层号填写，如地下室 2 层，转换层位于地上 2 层时，转换层所在层号应填 4。转换层需要指定。

(6)　嵌固端所在层号：这里的嵌固端指上部结构的计算嵌固端，当地下室顶板作为嵌固端时，则嵌固端所在层为地上一层，即地下室层数+1；如果在基础顶面嵌固，则嵌固端所在层号为 1。程序默认的嵌固端所在层号为"地下室层数+1"，如果修改了地下室层数，则应注意确认嵌固端所在层号是否需要修改。

(7)　地下室层数：无地下室时为 0，有地下室时根据实际情况填写。

(8)　墙元细分最大控制长度(m)：进行有限元分析时，对于较长的剪力墙，程序将其细分形成小单元，细分小单元不得小于给定的限值，限值范围为 1.0～5.0，一般默认为 1。

(9)　结构材料信息：包括钢筋混凝土结构、钢与混凝土混合结构、有填充墙钢结构、无填充墙钢结构、砌体结构。

(10)　结构体系：包括框架结构、框剪结构、框筒结构、筒中筒结构、剪力墙结构、板柱剪力墙结构、异形柱框架结构、异形柱框剪结构、配筋砌块砌体结构、砌体结构、底框结构、部分框支剪力墙结构、单层钢结构厂房、多层钢结构厂房、钢框架结构。

(11) 恒、活荷载计算信息：包括以下内容可供选择。

不计算恒、活荷载：不计算竖向力。

一次性加载：采用整体刚度模型，按一次加载方式计算竖向力。

模拟施工加载 1：按模拟施工加荷载方式计算竖向力。采用分层加载、逐层找平，整体刚度分层加载模型。

模拟施工加载 2：按模拟施工加荷载方式计算竖向力，同时在分析过程中将外围竖向构件柱(不包括墙)的刚度放大十倍，再进行荷载分配，接近手算结果，传给基础的荷载比较合理。

模拟施工加载 3：采用分层刚度分层加载模型，更符合实际施工情况(推荐使用)。

(12) 风荷载计算信息：包括不计算风荷载、计算风荷载、计算特殊风荷载、计算水平和特殊风荷载。一般选计算风荷载，即计算结构 X、Y 两个方向的风荷载。

(13) 地震作用计算信息：包括不计算地震作用、计算水平地震作用、计算水平和规范简化方法竖向地震、计算水平和反应谱方法竖向地震。

① 不计算地震作用：对于不进行抗震设防的地区或者抗震设防烈度为 6 度时的部分结构，规范规定可以不进行地震作用计算。但要在"地震信息"选项页中指定抗震等级，以满足抗震措施的要求。"地震信息"选项页除抗震等级和抗震构造措施的抗震等级相关参数外，其余参数颜色为灰色，不能调整。

② 计算水平地震作用：计算 X、Y 两个方向的地震作用。

③ 计算水平和规范简化方法竖向地震：按《建筑抗震设计规范》中的简化方法计算竖向地震。

④ 计算水平和反应谱方法竖向地震：按竖向振型分解反应谱方法计算竖向地震作用。

(14) 规定水平力的确定方式：楼层剪力差方法(规范方法)、节点地震作用 CQC 组合方法。计算扭转位移比和倾覆力矩。

2. 风荷载信息

"风荷载信息"选项页如图 3.3 所示，其中的选项说明如下。

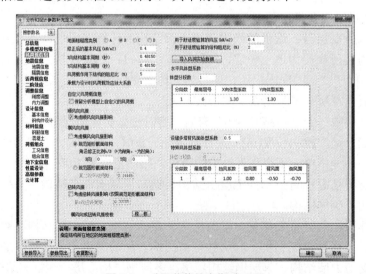

图 3.3 "风荷载信息"选项页

(1) 地面粗糙度类别：地面粗糙度可分为 A、B、C、D 四类，其中 A 类指近海海面和海岛、海岸、湖岸及沙漠地区；B 类指田野、乡村、丛林、丘陵以及房屋比较稀疏的乡镇；C 类指有密集建筑群的城市市区；D 类指有密集建筑群且房屋较高的城市市区。

(2) 修正后的基本风压(kN/m^2)：此参数不需要考虑风压高度变化系数和风振系数等。

(3) X、Y 向结构基本周期(秒)：结构基本周期主要计算风荷载中的风振系数。规则结构可采用近似方法计算基本周期：框架结构 $T=(0.05\sim0.06)N$；框剪结构、框筒结构 $T=(0.06\sim0.08)N$；剪力墙结构、筒中筒结构 $T=(0.05\sim0.06)N$，其中 N 为结构层数。也可以按程序默认值对结构进行计算，计算完成后再将程序输出的第一平动周期值和第二平动周期值(在"周期 振型 地震力"输出文件 WZQ.OUT 中")填入，然后再重新计算，从而得到更加准确的风荷载。风荷载计算预防并不影响结构的自振周期。

(4) 风荷载作用下结构的阻尼比(%)：混凝土结构及砌体结构为 0.05，有填充墙钢结构为 0.02，无填充墙钢结构为 0.01。默认值为 5(白分数)。

3. 地震信息

在该参数对话框左侧列表框中选择"地震信息"选项，进入"地震信息"选项页，如图 3.4 所示。其中的选项说明如下。

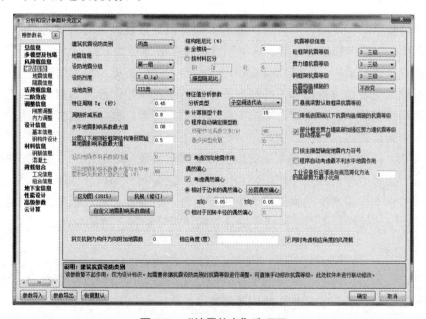

图 3.4　"地震信息"选项页

(1) 结构规则性信息：规则或不规则。

(2) 设防地震分组：第一组、第二组、第三组，根据《建筑抗震设计规范》规定。

(3) 设防烈度：6(0.05g)、7(0.1g)、7(0.15g)、8(0.2g)、8(0.3g)、9、(0.4g)，根据《建筑抗震设计规范》规定。

(4) 场地类别：Ⅰ$_0$类、Ⅰ$_1$类、Ⅱ类、Ⅲ类、Ⅳ类，共五类。

(5) 考虑偶然偏心："是"或"否"。一般考虑偶然偏心地震作用，偶然偏心对结构的影响比较大。

（6）考虑双向地震作用："是"或"否"。质量和刚度分布明显不对称的结构，应计入双向地震作用下的扭转效应。

（7）计算振型个数：通常振型个数取值应至少取 3，为了使每阶振型都尽可能地得到两个平动振型和一个扭转振型，振型个数最好为 3 的倍数。当考虑扭转耦联计算时，振型个数不应小于 15。对于多塔结构振型个数不应小于塔楼数的 9 倍。需要注意的是，此处指定的振型个数不能超过结构固有振型的总数。

（8）周期折减系数：周期折减是为考虑框架结构、框架剪力墙结构及框架筒体结构等结构中填充墙刚度对计算周期的影响。当非承重墙体为砌体墙时，高层建筑结构的计算自振周期折减系数可按下列规定取值：框架结构可取 0.6～0.7；框架-剪力墙结构可取 0.7～0.8；框架-核心筒结构可取 0.8～0.9；剪力墙结构可取 0.8～1.0；钢结构取 0.9。对于其他结构体系或采用其他非承重墙体时，可根据工程情况确定周期折减系数。

4. 活荷载信息

选择"活荷载信息"选项，可在对应的选项页中选择柱墙设计时活荷载是否折减、传给基础的活荷载是否折减、梁活荷不利布置最高层号、柱墙基础活荷载折减系数等参数。

5. 调整信息

选择"调整信息"选项，可修改：梁端负弯矩调幅系数、梁活荷载内力放大系数、梁扭矩折减系数、实配钢筋超配系数、连梁刚度折减系数等参数。

梁端负弯矩调幅系数：在竖向荷载作用下，当考虑框架梁及连梁端塑性变形内力重分布时，可对梁端负弯矩进行调幅，并相应增加其跨中正弯矩。此项调整只针对竖向荷载，对地震作用和风荷载不起作用。在竖向荷载作用下，可考虑框架梁端塑性变形内力重分布对梁端负弯矩乘以调幅系数进行调幅，并应符合下列规定：装配整体式框架梁端负弯矩调幅系数可取 0.7～0.8 之间，现浇框架梁端负弯矩调幅系数可取 0.8～0.9 之间；框架梁端负弯矩调幅后，梁跨中弯矩应按平衡条件相应增大；应先对竖向荷载作用下框架梁的弯矩进行调幅，再与水平作用产生的框架梁弯矩进行组合；截面设计时，框架梁跨中截面正弯矩设计值不应小于竖向荷载作用下按简支梁计算的跨中弯矩设计值的 50%。

6. 设计信息

选择"设计信息"选项，对应的选项页中包括的参数：结构重要性系数、梁柱保护层厚度、柱配筋计算原则、考虑 P-Δ 效应等参数。

3.2.2 特殊构件补充定义

在"特殊构件补充定义"组中，选择"特殊柱"命令。在屏幕左边的窗格中选择"特殊柱"→"角柱"，用鼠标选取图中的四个角柱，柱子旁边显示汉字"角柱"，如图 3.5 所示。每一标准层均执行"角柱"命令。

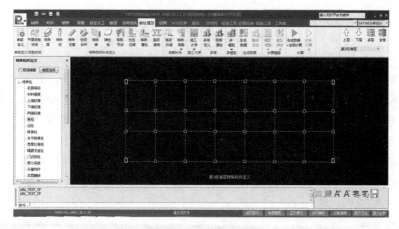

图 3.5　角柱定义图

3.2.3　生成数据

　　选择 SATWE 工作界面的"前处理及计算"菜单中的"生成数据"命令，程序自动进行数据生成和数据检查，结果显示在屏幕上，如图 3.6 所示。这项菜单(命令)是 SATWE 前处理的核心菜单，其功能是综合 PMCAD 生成的建模数据和前述几项菜单输入的补充信息，将其转换成空间结构有限元分析所需的数据格式。所有的工程都必须执行本项菜单命令，正确生成数据并通过数据检查后，方可进行下一步的计算分析。

图 3.6　生成数据完成

3.3　结构内力与配筋计算

　　选择 SATWE 工作界面的"前处理及计算"菜单中的"生成数据+全部计算"命令，SATWE 软件开始计算结构内力和配筋，计算完成后自动跳转到"结果"界面。

3.4　结果显示查看

在"结果"菜单的"文本结果"组中选择"文本及计算书"命令，新版程序默认为新版文本查看，如图 3.7 所示。将第 1 振型周期 0.9481 和第 2 振型周期 0.9214 重新输入到选择"前处理及计算"菜单中的"参数定义"命令调出的对话框中，选择"风荷载信息"选项，在对应的选项页(见图 3.3)的"X 向结构基本周期"文本框中输入第 1 振型周期 0.9481，在"Y 向结构基本周期"文本框中输入第 2 振型周期 0.9214，单击"确定"按钮。选择"生成数据+全部计算"命令，计算完成。

结果查看

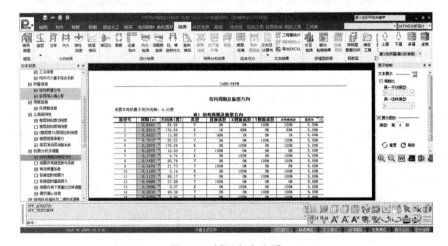

图 3.7　新版文本查看

在"结果"菜单中可查看"分析结果""设计结果""特殊分析结果""组合内力""文本结果""多模型数据""钢筋层""工程对比"等内容。

一般从以下几个方面对计算结果进行检查。

(1) 检查模型原始数据是否有误，特别是荷载的输入。

(2) 计算简图、计算假定是否与实际一致。

(3) 对计算结果进行分析，检查设计参数是否合理，规范要求的构件和整个结构体系的各种要求。

(4) 检查超配筋信息，对超筋构件的处理，是荷载输入有误还是结构构件截面问题等。

在"分析结果"组中选择"振型"命令，结果如图 3.8 所示。

在"设计结果"组中选择"轴压比"命令，结果如图 3.9 所示。

在"设计结果"组中选择"配筋"命令，显示"混凝土构件配筋及钢构件验算简图"，如图 3.10 所示。在图中可查看梁的配筋信息、柱的配筋信息、柱轴压比等信息。若配筋信息超筋及柱轴压比超过规范规定限值，则以红色字体标明显示，表明不满足规范要求。此时必须重新返回到 PMCAD 建模中和 SATWE 中查看参数设置是否正确，若无误，则需返回到 PMCAD 建模模块中修改梁或柱截面尺寸，直至满足要求。第 1 层混凝土构件配筋简图如图 3.11 所示。

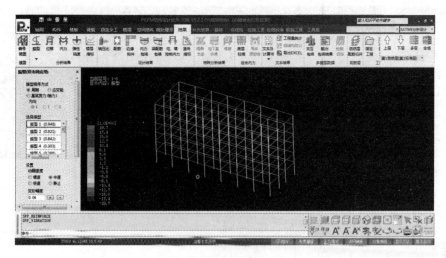

图 3.8　振型图

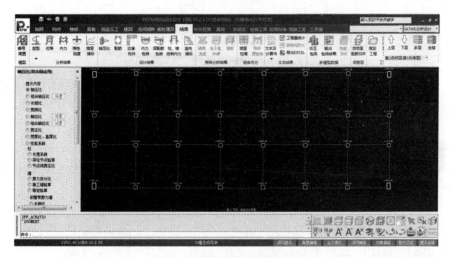

图 3.9　查看轴压比的结果

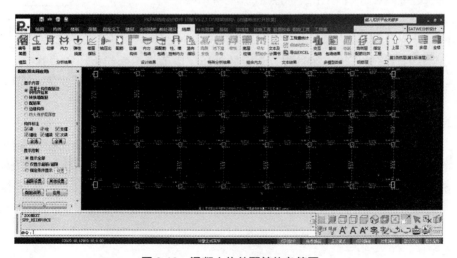

图 3.10　混凝土构件配筋信息简图

图 3.11　第 1 层混凝土构件配筋简图

混凝土构件配筋及钢构件验算简图显示。

(1) 混凝土梁和型钢混凝土梁。

$$GA_{sv}-A_{sv0}$$
$$A_{su1}-A_{su2}-A_{su3}$$
$$\overline{\phantom{A_{su1}-A_{su2}-A_{su3}}}$$
$$A_{sd1}-A_{sd2}-A_{sd3}$$
$$VTA_{st}-A_{st1}$$

其中：

A_{su1}、A_{su2}、A_{su3}——梁上部(u 为英文单词 up 第一个字母)左端、跨中、右端配筋面积(cm^2)；

A_{sd1}、A_{sd2}、A_{sd3}——梁下部(d 为英文单词 down 第一个字母)左端、跨中、右端配筋面积(cm^2)；

A_{sv}——梁加密区抗剪箍筋面积和剪扭箍筋面积的较大值(cm^2)；

A_{sv0}——梁非加密区抗剪箍筋面积和剪扭箍筋面积的较大值(cm^2)；

A_{st}、A_{st1}——梁受扭纵筋面积和抗扭箍筋沿周边布置的单肢箍的面积，若 A_{st} 和 A_{st1} 都为零，则不输出这一行(cm^2)；

G、VT——箍筋和剪扭配筋标志。

(2) 矩形混凝土柱和型钢混凝土柱。

在左上角标注(U_c)，在柱中心标注 A_{svj}，在下边标注 A_{sx}，在右边标注 A_{sy}，上引出线标注 A_{sc}，下引出线标注 A_{sv} 和 A_{sv0}，如图 3.12 所示。

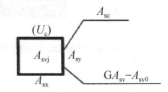

图 3.12　矩形混凝土柱和型钢混凝土柱

其中：

U_c——柱的计算轴压比，超过规范规定的轴压比限值显示为红色，须调整；

A_{sc}——柱一根角筋的面积，采用双偏压计算时，角筋面积不应小于此值，采用单偏压计算时，角筋面积(cm^2)可不受此值控制；

A_{sx}、A_{sy}——该柱 B 边和 H 边的单边配筋，包括两根角筋(cm^2)；

A_{svj}、A_{sv}、A_{sv0}——柱节点域抗剪箍筋面积、加密区斜截面抗剪箍筋面积、非加密区斜截面抗剪箍筋面积，箍筋间距均在 S_c 范围内。其中：A_{svj} 取计算的 A_{svjx} 和 A_{svjy} 的较大值，A_{sv} 取计算的 A_{svx} 和 A_{svy} 的较大值，A_{sv0} 取计算的 A_{svx0} 和 A_{svy0} 的较大值(cm^2)。

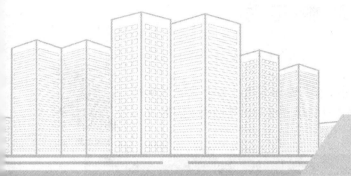

第 4 章 混凝土施工图模块介绍

※ 【内容提要】

本章主要内容包括：绘制梁施工图、框架立剖面图、绘制柱施工图、绘制板施工图。本章教学内容的重点是：绘梁、柱施工图，绘楼板施工图。本章教学内容的难点是：挑选一榀框架结构画整榀框架施工图。

※ 【能力要求】

通过对本章内容的学习，学生应熟练掌握绘制梁、柱、板以及整榀框架结构施工图，了解柱平法施工图的几种常见的画法。

4.1 梁施工图

4.1.1 打开梁施工图

在 PKPM 的主菜单中选择"混凝土施工图"命令或者在右上角的下拉列表框中选择"混凝土施工图"选项，程序自动跳转到混凝土结构施工图界面，选择"梁"菜单，如图 4.1 所示。

混凝土施工图

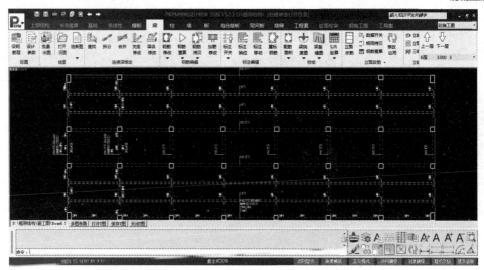

图 4.1　梁平法施工图界面

在"设置"组中选择"设计参数"命令，弹出"参数修改"对话框，如图 4.2 所示。

图 4.2　"参数修改"对话框

在"参数修改"对话框中，将"裂缝、挠度计算参数"列表中的"根据裂缝选筋"修改为"是"，单击"确定"按钮，弹出重新归并选筋的提示对话框，如图 4.3 所示。单击"是"按钮，进入梁施工图绘图环境，程序自动打开第 6 层梁平法施工图。

图4.3　重新归并选筋对话框

4.1.2　标注轴线和构件尺寸

在屏幕上方选择"模板"菜单，在"标注"组中单击"轴线"，在弹出的下拉菜单中选择"自动"命令，弹出"轴线标注"对话框，在轴线开关中勾选对应的标注方向，单击"确定"按钮，为板施工图标注轴线；在"自动标注"中可标注梁尺寸、柱尺寸以及板厚。最终完成的梁平法施工图如图 4.4 所示。

💡 **注意：** 执行标注轴线操作，必须在 PMCAD 建模模块中执行"轴线命名"，否则无轴号显示。

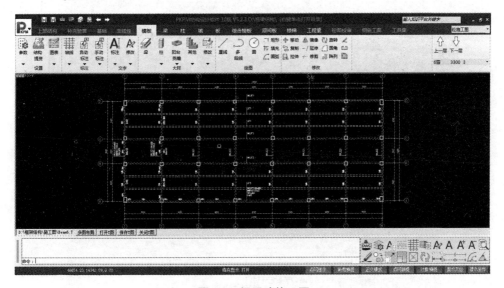

图4.4　梁平法施工图

4.1.3　绘新图

在"梁"菜单的"绘图"组中有个"绘新图"按钮(见图 4.1)，单击该按钮，在弹出的下拉菜单中有两项命令，分别是"重新归并选筋并绘制新图"和"已有配筋重新绘图"。

"重新归并选筋并绘制新图"，选择该命令，则软件会删除本层所有的已有数据，重新归并选筋后重新绘图。该命令比较适合模型更改或重新进行有限元分析后的施工图更新。

"已有配筋重新绘图"，选择该命令，则软件只删除施工图目录中本层的施工图，然后重新绘图。绘图时使用数据库中保存的钢筋数据，不会重新选筋归并。该命令适合模型和分析数据没变，但是钢筋标注和尺寸标注的修改比较混乱，需要重新出图的情况。

柱、板均有"绘新图"功能，与梁的绘新图功能使用方法完全相同，后面不再赘述。

4.1.4 选择标准层

单击屏幕右上角的下拉按钮，在弹出的下拉列表中选择其余 1 层至 5 层，程序自动生成该层施工图，如图 4.5 所示。

4.1.5 梁挠度图

在"梁"菜单的"校核"组中选择"梁挠度图"命令，在弹出的挠度计算参数的对话框中设定参数，生成梁挠度图，如图 4.6 所示。挠度不满足规范要求时程序为红色显示。在"梁挠度图"的下拉菜单中可选择"计算书"命令，单击任意梁可显示挠度计算过程，计算结果如图 4.7 所示。

图 4.5 选择每层菜单

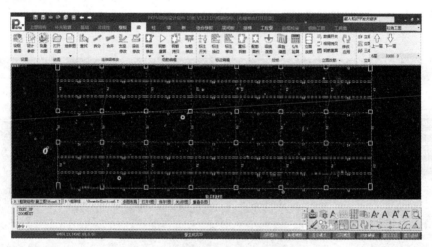

图 4.6 选择命令生成梁挠度图

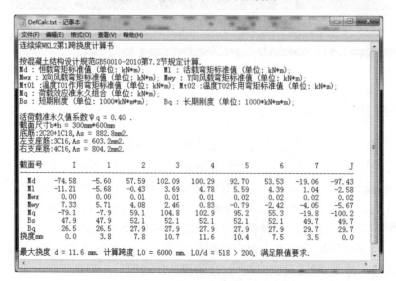

图 4.7 梁挠度计算书

4.1.6　梁裂缝图

在"梁"菜单的"校核"组中选择"梁裂缝图"命令，在弹出的"裂缝计算参数"对话框中，可选中"考虑支座宽度对裂缝的影响"复选框，单击"确定"按钮，生成梁裂缝图，如图 4.8 所示。裂缝不满足规范要求时为红色显示。在"梁裂缝图"的下拉菜单中可选择"计算书"命令，查看梁的裂缝计算过程，结果如图 4.9 所示。

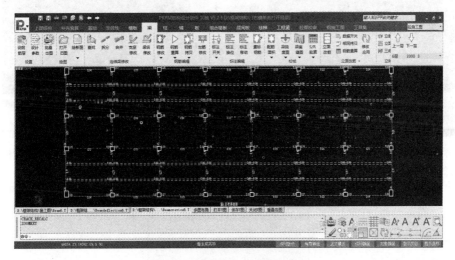

图 4.8　选择命令生成梁裂缝图

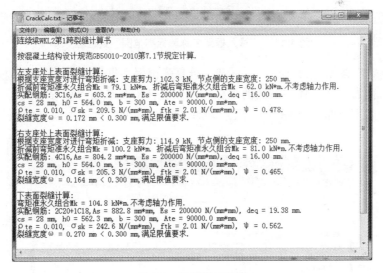

图 4.9　梁裂缝计算书

4.1.7　框架立剖面图

在"梁"菜单的"立剖面"组中选择"立面框架"命令，在屏幕中单击某一轴线的梁，如单击⑥号轴线的框架梁，该梁黄色亮显，并在弹出的对话框中提示所选连续梁是否正确，如图 4.10 所示。

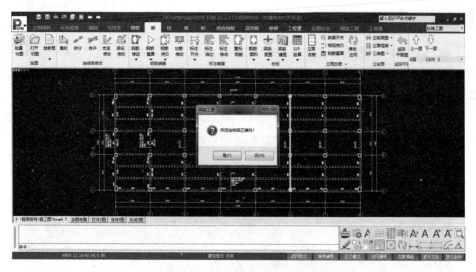

图 4.10 立面框架选择连续梁

单击"是"按钮，屏幕弹出"输入框架名称和标高范围"对话框，如图 4.11 所示。

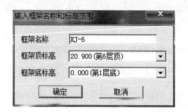

图 4.11 "输入框架名称和标高范围"对话框

单击"确定"按钮，已选择一榀框架，屏幕弹出保存框架立面图的对话框，如图 4.12 所示，默认路径为工程文件夹下面的"施工图"文件夹，单击"保存"按钮。保存后，框架立面绘图参数对话框，如图 4.13 所示，单击 OK 按钮，自动生成立面框架配筋图，如图 4.14 所示。

图 4.12 框架立面图保存

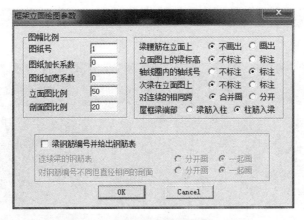

图 4.13　"框架立面绘图参数"对话框

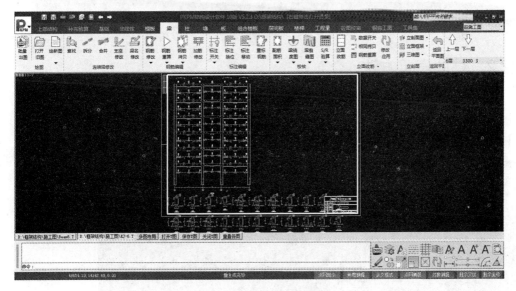

图 4.14　立面框架配筋图

4.2　柱 施 工 图

4.2.1　打开柱施工图

在屏幕上方菜单栏中单击"柱"标签，进入柱施工图绘图环境，程序自动打开第 6 层柱施工图，如图 4.15 所示。

在"柱"菜单的"校核"组中选择"双偏压验算"命令，对柱进行双偏压验算，检查实配钢筋结果是否满足双偏压验算要求。

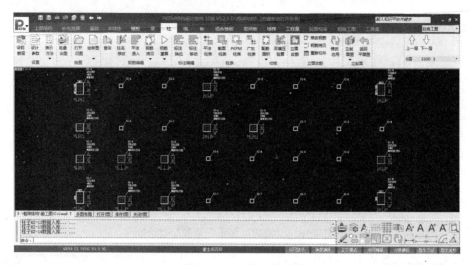

图 4.15　"柱"施工图界面

4.2.2　柱的表示方法

在"柱"菜单的"设置"组中单击"表示方法"，弹出的下拉菜单，如图 4.16 所示，还可以选择切换其他方式绘制施工图，如图 4.17 所示为柱平法集中截面注写。

图 4.16　画法选择

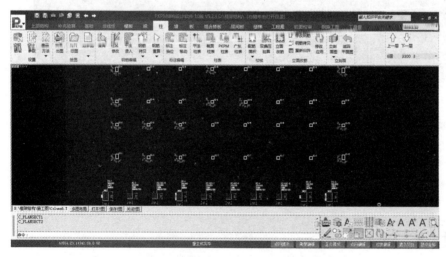

图 4.17　柱平法集中截面注写

4.2.3　标注轴线和构件尺寸

在屏幕上方的"模板"菜单的"标注"组中选择"轴线"下拉菜单中的"自动"命令，弹出"轴线标注"对话框，在轴线开关中勾选对应的标注方向，单击"确定"按钮，为板施工图标注轴线；在"自动标注"中可标注梁尺寸、柱尺寸以及板厚。最终完成的柱平法施工图如图 4.18 所示。

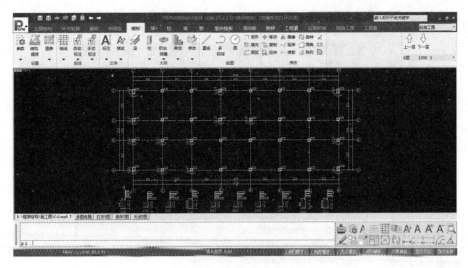

图 4.18　柱平法施工图

4.3　楼板施工图

4.3.1　打开楼板施工图

在屏幕上方的菜单栏中单击"板"标签，进入楼板施工图绘制环境，程序自动打开当前工作目录下的第 6 层平面图，如图 4.19 所示。

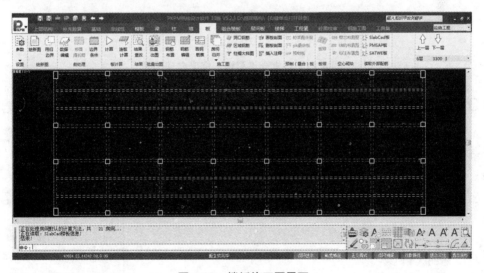

图 4.19　楼板施工图界面

4.3.2　计算参数设定

在"板"菜单中单击"参数设置"下拉按钮，在弹出的下拉菜单中选择"计算参数"命令，弹出楼板计算配筋"参数"对话框，如图 4.20 所示。

在"挠度、裂缝"选项组中，将"根据允许裂缝自动选筋"复选框和"根据允许挠度自动选筋"复选框选中，如图 4.21 所示，单击"确定"按钮。

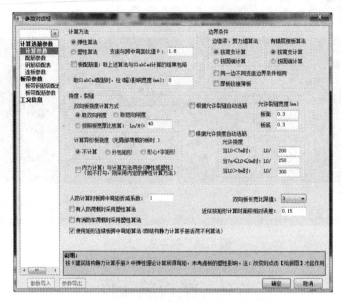

图 4.20　楼板配筋"参数"对话框

图 4.21　根据允许裂缝、挠度自动选筋

4.3.3　绘图参数设定

在"板"菜单中单击"参数设置"下拉按钮，在弹出的下拉菜单中，选择"绘图参数"命令，弹出"绘图参数"对话框，如图 4.22 所示。在"绘图参数"对话框中可修改绘图相关参数，如果不需要修改，可以不进行设置。设置后单击"确定"按钮。

4.3.4　楼板计算

在"板"菜单的"板计算"组中选择"计算"命令，程序自动完成本层所有房间的楼板内力和配筋计算，屏幕显示楼板计算配筋结果，如图 4.23 所示。

图 4.22　"绘图参数"对话框

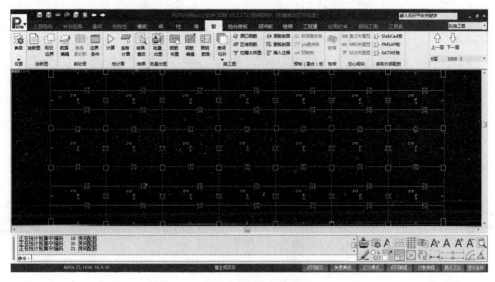

图 4.23　楼板配筋计算结果

4.3.5　裂缝

在"板"菜单的"结果"组中选择"结果查改"命令，弹出"计算结果查询"对话框，如图 4.24 所示。在"计算结果查询"对话框中选择"裂缝"单选按钮，可查看本层的裂缝图，如图 4.25 所示。

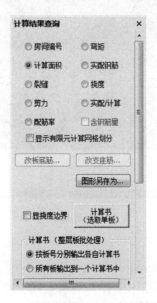

图 4.24　"计算结果查询"对话框

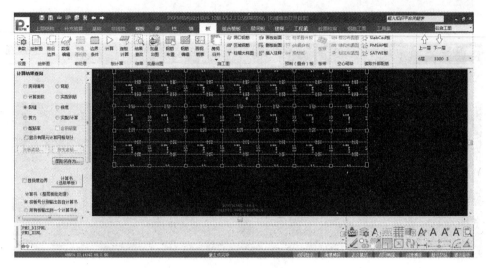

图 4.25　楼板裂缝图

4.3.6　挠度

在"计算结果查询"对话框中选择"挠度"单选按钮，可查看本层的挠度图，如图 4.26 所示。

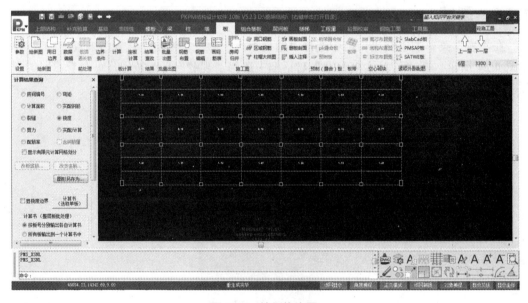

图 4.26　楼板挠度图

4.3.7　楼板钢筋

在"板"菜单的"施工图"组中选择"钢筋布置"命令，屏幕左侧弹出"钢筋布置"对话框，如图 4.27 所示，在"钢筋布置"对话框中单击"全部钢筋"按钮，自动生成楼板钢筋图，如图 4.28 所示。

图 4.27 "钢筋布置"对话框

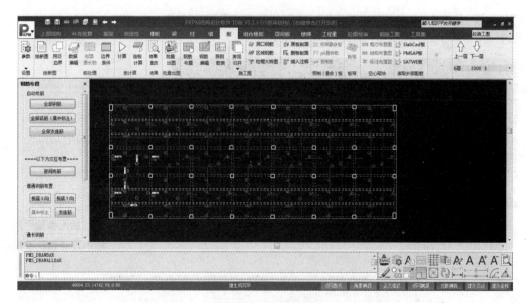

图 4.28 楼板配筋图

4.3.8 画钢筋表

在"板"菜单的"施工图"组中选择"画钢筋表"命令，程序自动统计该层楼板中的钢筋，并在指定位置绘制楼板钢筋表，如图 4.29 所示。

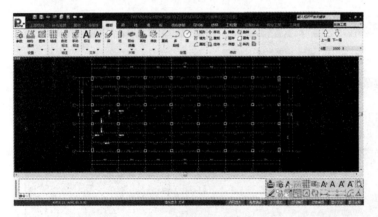

图 4.29 楼板钢筋表

4.3.9 标注轴线和构件尺寸

在"模板"菜单中的"标注"组中选择"轴线"命令，为板施工图标注轴线尺寸，选择"自动标注"下拉菜单中的"标注构件"命令，标注梁尺寸、柱尺寸以及板厚。最终完成的楼板施工图如图 4.30 所示。

4.3.10 不编号方式绘制楼板施工图

前面楼板施工图的绘制采用了钢筋编号方式。还可在"绘图参数"对话框中把"钢筋编号"设置为"不编号"，如图 4.31 所示。用不编号方式绘制的楼板施工图如图 4.32 所示。

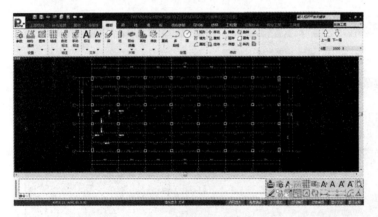

图 4.30 楼板施工图

图 4.31 在"绘图参数"对话框中设置钢筋不编号

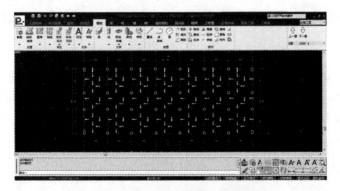

图 4.32 用不编号方式绘制的楼板施工图

4.4 TCAD、拼图和工具

PKPM 自主开发的图形平台 TCAD，作为面向建筑行业和更多行业的通用图形平台，TCAD 可与 AutoCAD 兼容并导入其图形文件，也可将生成的文件保存成 AutoCAD 格式。同时，TCAD 还发展了考虑国内建设行业画图标准和习惯做法的一些特色功能。增加了建筑、结构、水电、暖通空调等专业设计的辅助绘图工具，方便大家使用。

TCAD 的主要功能特点如下。

(1) 自主版权的图形平台 TCAD， 提供建筑模型的建立、专业计算结果的图形显示、施工图绘制与修改等各方面的应用。这种架构使 PKPM 不像很多其他 CAD 软件那样必须先配置一个其他的图形平台，从而大大地减少了使用的负担，而且安装快捷，使用方便。

(2) TCAD 在界面风格、基本功能、编辑修改方式等方面参考了 AutoCAD 的风格和功能，使广大熟悉 AutoCAD 的读者可以无障碍地使用 TCAD。

(3) 作为建筑行业的专业绘图编辑软件，TCAD 为用户增加了建筑工程设计中需要的建筑、结构、设备等专业设计的辅助绘图工具。

(4) TCAD 保持与 AutoCAD 的兼容和顺畅地交流，TCAD 图形文件可以保存成为 AutoCAD 格式文件，也可以在不进入 AutoCAD 环境的情况下，直接导入 AutoCAD 各种版本的 DWG 格式的图形文件。

(5) TCAD 具有开放的体系结构，它允许用户和开发者采用高级编程语言对其功能进行扩充和修改(即二次开发)，能最大限度地满足用户的特殊要求。

TCAD 拼图和工具

"TCAD、拼图和工具"选项在 PKPM 主界面中的"模块选择"选项组中，如图 4.33 所示。"TCAD、拼图和工具"的主要功能有：图形编辑与打印 TCAD、DWG 拼图及复杂任意截面编辑器三种功能，如图 4.34 所示。

图 4.33　"TCAD、拼图和工具"选项

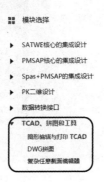

图 4.34　"TCAD、拼图和工具"菜单

1. 图形编辑与打印 TCAD

该选项的功能是：绘制任意新图形；编辑和修改旧图；把几个*.T 图形文件拼接在一张图上；把*.T 图形文件转换为 AutoCAD 的*.DWG 图形文件；把由 AutoCAD 生成的*.DXF 文件转换成*.T 图形文件；打印出图，界面如图 4.35 所示。

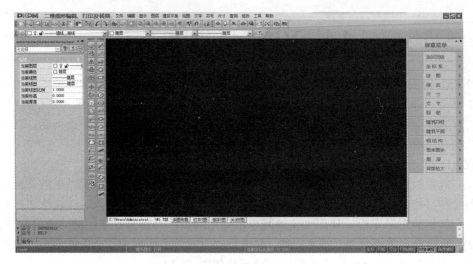

图 4.35 图形编辑、打印及转换

图形格式的转换功能，PKPM 软件的图形文件(*.T)与 AutoCAD 的图形文件(*.DWG)可以相互转换。

PKPM 的图形文件是在其自主知识产权的图形平台(CFG)环境下生成的，图形文件形式为 "*.T"，而通用的 AutoCAD 图形文件形式为 "*.DWG"，可以将不同格式的图形文件进行转换。在 "工具" 菜单中选择 "新版 T 图转 DWG" 或 "T 图转 DWG" 命令，如图 4.36 所示。

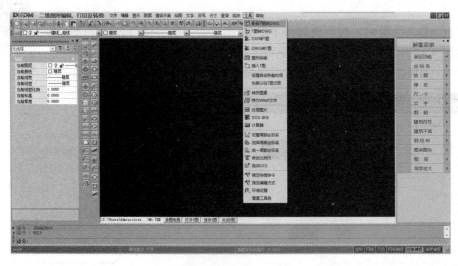

图 4.36 选择 "新版 T 图转 DWG" 命令

1) 新版 T 图转 DWG

在 "工具" 菜单中选择 "新版 T 图转 DWG" 命令，屏幕弹出 "是否保存当前 T 图"，如图 4.37 所示。单击 "是" 按钮，将会提示保存路径，如图 4.38 所示，由于当前 T 图并未进行操作，可单击 "否" 按钮，单击后，弹出 "T 图模块及转图方式选择" 对话框，如图 4.39 所示。

图 4.37　提示是否保存当前 T 图　　　　　　　　图 4.38　T 图保存路径

图 4.39　"T 图模块及转图方式选择"对话框

　　单击"多选 T 文件"按钮，找到 PKPM 建立工程的文件夹下面的"施工图"文件夹，如图 4.40 所示，选择需要转换的 T 图，单击"打开"按钮，在预览区可看到单击的 T 图，下一步单击"输出文件存放路径"，如图 4.41 所示，输出文件可以自行建立，也可选择 T 图的"施工图"文件夹，本工程选择"施工图"文件夹，单击"确定"按钮，在路径预览区显示文件夹路径位置，如图 4.42 所示。最后单击"开始转换"，屏幕弹出自动转换对话框，如图 4.43 所示，转换完毕后关闭该对话框，在"施工图"文件夹下可看到与 T 图对应的 CAD 图，如图 4.44 所示。

　　2)　T 图转 DWG(老版本)

　　选择"T 图转 DWG"命令将弹出的图 4.45 所示的对话框，打开"施工图"文件夹，选择需要转换的"*.T"文件，如图 4.46 所示，单击"打开"按钮即开始转换将 T 图为"*.DWG"文件，转换完成后在转换界面下端命令行显示"OK"，如图 4.47 所示。转换结果查看"施工图"文件夹。

图 4.40　多选 T 文件

图 4.41　保存输出文件的路径

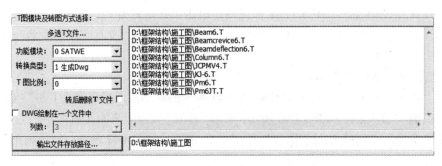

图 4.42　显示 T 图选择和 DWG 文件存放路径

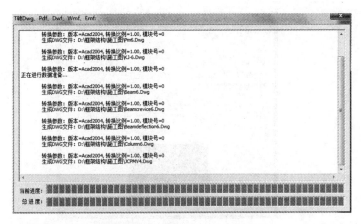

图 4.43　T 图转 DWG 的过程

名称	修改日期	类型	大小
Beam6.Dwg	2021/8/17 21:38	AutoCAD 图形	53 KB
Beam6.T	2021/8/16 21:02	pkpm T文件	155 KB
Beamcrevice6.Dwg	2021/8/17 21:38	AutoCAD 图形	45 KB
Beamcrevice6.T	2021/8/16 6:36	pkpm T文件	95 KB
Beamdeflection6.Dwg	2021/8/17 21:38	AutoCAD 图形	52 KB
Beamdeflection6.T	2021/8/16 6:36	pkpm T文件	140 KB
Column6.Dwg	2021/8/17 21:38	AutoCAD 图形	79 KB
Column6.T	2021/8/16 21:02	pkpm T文件	158 KB
JCPMV4.Dwg	2021/8/17 21:38	AutoCAD 图形	223 KB
JCPMV4.T	2021/8/16 21:01	pkpm T文件	223 KB
KJ-6.Dwg	2021/8/17 21:38	AutoCAD 图形	131 KB
KJ-6.T	2021/8/16 7:50	pkpm T文件	193 KB
Pm6.Dwg	2021/8/17 21:38	AutoCAD 图形	61 KB
Pm6.T	2021/8/16 21:03	pkpm T文件	137 KB
Pm6JT.Dwg	2021/8/17 21:38	AutoCAD 图形	36 KB
Pm6JT.T	2021/8/16 7:15	pkpm T文件	42 KB

图 4.44　T 图转 DWG 完成

图 4.45　"打开"对话框

图 4.46 选择 T 图文件

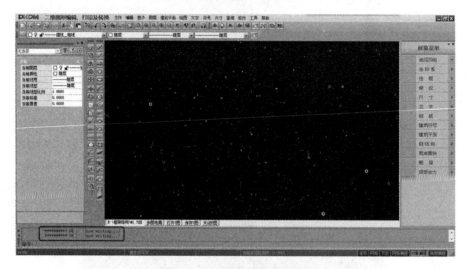

图 4.47 T 图转换完成显示

2. DWG 拼图

"Dwg 拼图"选项的功能：用来把几个*.T 图形文件拼接在一张图纸上。在此界面还可以编辑和修改，如图 4.48 所示。

图 4.48 "Dwg 拼图"对话框

3. 复杂任意截面编辑器

"复杂任意截面编辑器"选项的功能：用来绘制任意新图形，即有绘图、标注、图层管理等功能。例如，可以绘制标题栏，并让其拼接到施工图中，如图 4.49 所示。

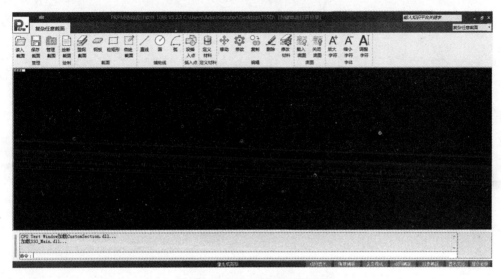

图 4.49　复杂任意截面编辑器

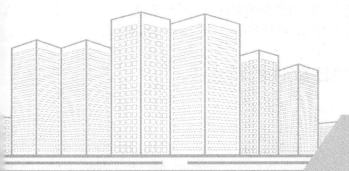

第 5 章　JCCAD(基础工程辅助设计)软件介绍

※ 【内容提要】

　　本章主要内容包括：基础设计参数输入、荷载输入、上部构件布置、柱下独立基础布置、基础平面施工图的绘制。本章教学内容的重点是：柱下独立基础参数、荷载的输入，基础的布置以及绘制基础施工图。本章教学内容的难点是：附加荷载的输入。

※ 【能力要求】

　　通过对本章内容的学习，学生应熟练掌握 JCCAD(基础工程辅助设计)软件的计算和绘图过程，了解软件的计算步骤，理解在 JCCAD 中附加荷载的输入以及计算。

JCCAD 是 PKPM 结构系列软件中的基础设计软件，是 PKPM 系统中功能最纷繁复杂的模块，可以设计柱下独立基础、墙下条形基础、弹性地基梁基础、带肋筏板基础、柱下平板基础、墙下筏板基础、柱下独立桩基承台基础、桩筏基础、单桩基础等基础设计。

5.1　JCCAD 软件的特点

JCCAD 软件的主要功能特点概括如下。

1. 适应多种类型基础的设计

JCCAD 软件可自动或交互完成工程实践中常用的基础设计，其中包括柱下独立基础、墙下条形基础、弹性地基梁基础、带肋筏板基础、柱下平板基础(板厚可不同)、墙下筏板基础、柱下独立桩基承台基础、桩筏基础、桩格梁基础等基础设计及单桩基础设计，还可进行由上述多类基础组合的大型混合基础设计，以及同时布置多块筏板的基础设计。

可设计的各类基础中包含多种基础形式：独立基础包括倒锥型、阶梯型、现浇或预制杯口基础及单柱、双柱、多柱的联合基础、墙下基础；砖混条基包括砖条基、毛石条基、钢筋混凝土条基(可带下卧梁)、灰土条基、混凝土条基及钢筋混凝土毛石条基；筏板基础的梁肋可朝上或朝下；桩基包括预制混凝土方桩、圆桩、钢管桩、水下冲(钻)孔桩、沉管灌注桩、干作业法桩和各种形状的单桩或多桩承台。

2. 接力上部结构模型

基础的建模是接力上部结构与基础连接的楼层进行的，因此基础布置使用的轴线、网格线、轴号，基础定位参照的柱、墙等都是从上部楼层中自动传来的。

基础程序首先自动读取上部结构中与基础相连的轴线和各层柱、墙、支撑布置信息(包括异形柱、劲性混凝土截面柱和钢管混凝土柱)，并可在基础交互输入和基础平面施工图中绘制出来。

如果是需要和上部结构两层或多个楼层相连的不等高基础，程序自动读入多个楼层中基础布置需要的信息。

3. 接力上部结构计算生成的荷载

自动读取多种 PKPM 上部结构分析程序传下来的各单工况荷载标准值。有平面荷载(PMCAD 建模中导算的荷载或砌体结构建模中导算的荷载)、SATWE 荷载、PMSAP 荷载、PK 荷载等。

程序按要求自动进行荷载组合。自动读取的基础荷载可以与交互输入的基础荷载同工况叠加。此外，软件还能够提取利用 PKPM 柱施工图软件生成的柱钢筋数据，用来画基础柱的插筋。

4. 将读入的各荷载工况标准值按照不同的设计需要生成各种类型的荷载组合

基础中用的荷载组合与上部结构计算所用的荷载组合是不完全相同的。程序自动按照《荷载规范》和《地基规范》的有关规定，在计算基础的不同内容时采用不同的荷载组合类型。

在计算地基承载力或桩基承载力时采用荷载的标准组合；在进行基础抗冲切、抗剪、抗弯、局部承压计算时采用荷载的基本组合；在进行沉降计算时采用准永久组合；在进行正常使用阶段的挠度、裂缝计算时采用标准组合和准永久组合。程序在计算过程中会识别各组合的类型，自动判断是否适合当前的计算内容。

5. 考虑上部结构刚度的计算

《建筑地基基础设计规范》(GB 50007—2011)等规范规定在多种情况下基础的设计应考虑上部结构和地基的共同作用。JCCAD 软件能够较好地实现上部结构、基础与地基的共同作用。JCCAD 程序对地基梁、筏板、桩筏等整体基础，可采用上部结构刚度凝聚法、上部结构刚度无穷大的倒楼盖法、上部结构等代刚度法等多种方法考虑上部结构对基础的影响，其主要目的就是控制整体性基础的非倾斜性沉降差，即控制基础的整体弯曲。

6. 完整的计算体系

对各种基础形式可能需要依据不同的规范，采用不同的计算方法，但是无论是哪一种基础形式，程序都提供承载力计算、配筋计算、沉降计算、冲切抗剪计算、局部承压计算等全面的计算功能。

7. 导入 AutoCAD 各种基础平面图辅助建模

对于地质资料输入和基础平面建模等工作，程序提供以 AutoCAD 的各种基础平面图为底图的参照建模方式。程序自动读取转换 AutoCAD 的图形格式文件，操作简便，充分利用了周围数据接口资源，提高了工作效率。

8. 施工图辅助设计

施工图辅助设计可以完成软件中设计的各种类型基础的施工图，包括平面图、详图及剖面图。施工图管理风格、绘制操作与上部结构施工图相同。软件依照《制图标准》《建筑工程设计文件编制深度规定》《设计深度图样》等相关标准，对于地基梁提供了立剖面表示法、平面表示法等多种方式，还提供了参数化绘制各类常用标准大样图功能。

5.1.1　JCCAD 软件的具体操作步骤

(1) 地质资料输入。

(2) 基础数据的人机交互输入。

(3) 基础梁板弹性地基梁法计算。

(4) 桩基承台及独基沉降计算。

(5) 桩筏、筏板有限元计算。

(6) 防水板抗浮等计算。

(7) 基础施工图。

(8) 图形编辑、打印及转换。

(9) 工具箱。

5.1.2 JCCAD 软件的操作流程

结合本工程中柱下独立基础介绍 JCCAD 软件的操作流程。

(1) 在 JCCAD 软件计算之前，必须完成 PMCAD 模块的建模与荷载输入和 SATWE 内力与配筋计算的准备工作。

(2) 在 JCCAD 中选择基础的人机交互输入命令，根据 SATWE 荷载和相关基础参数自动生成柱下独立基础，然后执行"退出"命令。

(3) 在 JCCAD 中选择"基础施工图"，完成柱下独立基础的施工图。

5.2 基础数据的人机交互输入

在屏幕上方单击"基础"菜单或者在屏幕右侧的下拉列表中选择"基础设计"选项，进入基础模型输入界面，如图 5.1 所示。

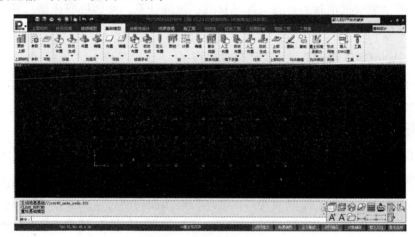

基础设计

图 5.1 基础模型输入界面

5.2.1 更新上部数据

在"基础模型"菜单中选择"上部结构"组中的"更新上部"命令，程序自动重绘基础模型，生成地基基础。

当已经存在基础模型数据，上部模型构件或荷载信息发生变更，需要重新读取时，可执行该命令。程序会在更新上部模型信息(包括构件、网格节点、荷载等)的同时，保留已有的基础模型信息。

💡 **注意：** 基础布置的时候，一些构件或者荷载信息是依托网格节点布置的，如附加点荷载布置在节点上、附加线荷载布置在网格线上、地基梁布置在网格线上。如果上部模型修改或者删除了这些节点或者网格，执行"更新上部"命令后 JCCAD 中布置在这些网格节点上的荷载或者基础构件会丢失。另外，通过 JCCAD 中"节点网格"下拉菜单中的命令布置的节点网格，在执行"更新上部"命令后将会被删除。

5.2.2　参数输入

在"基础模型"菜单中选择"参数"组中的"参数"命令,弹出"分析和设计参数补充定义"对话框,在地基承载力的计算参数界面中修改地基承载力特征值、地基承载力宽度修正系数、地基承载力深度修正系数、基础埋置深度等参数,根据实际工程填写。总信息参数如图 5.2 所示,荷载参数如图 5.3 所示,地基承载力参数如图 5.4 所示,独基自动布置参数如图 5.5 所示。

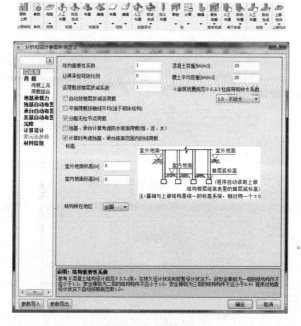

图 5.2　总信息参数

图 5.3　荷载参数

图 5.4　地基承载力参数

图 5.5　独基自动布置参数

在参数定义对话框的"独基自动布置"选项页的"独基类型"下拉列表中选择"阶形现浇"选项，如图 5.6 所示。

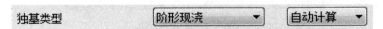

图 5.6　独基类型的选择

其余参数本工程不作修改，然后单击"确定"按钮，基本参数设置完成。

5.2.3　荷载

在"基础模型菜单的荷载"组单击"荷载"，弹出的下拉菜单用于显示校核 JCCAD 读取的上部结构柱墙荷载及 JCCAD 输入的附加柱墙荷载。

1. 荷载显示

选择"上部荷载显示校核"命令，弹出荷载显示界面，如图 5.7 所示。柱下节点荷载通常包括五项内容：N、M_x、M_y、V_x、V_y，N 为轴力，向下为正值(压力)，向上为负值(拉力)；M_x，M_y 分别为 X 向弯矩及 Y 向弯矩，弯矩方向按右手螺旋法则确定。V_x，V_y 分别为沿 X 轴方向的剪力及沿 Y 轴方向剪力，方向为沿轴正向为正值，沿轴负向为负值。

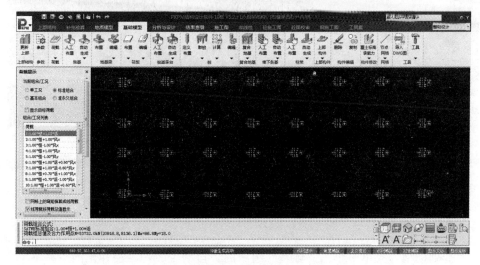

图 5.7　荷载显示

2. 附加柱墙荷载编辑

附加荷载是指基础上部(地上一层)填充墙的荷载，作用于柱下独立基础。

💡 **注意：** 填充墙不能作为均布荷载输入，否则会出现荷载丢失，而应将其折算为节点荷载直接输入到独立基础上。如果独立基础布置拉梁，也应将拉梁折算为节点荷载输入。

本例中填充墙节点荷载 $N = \rho l h = (10 \times 0.2 + 17 \times 0.02 \times 2) \times 9 \times (3.6 - 0.6) = 72.36\,\text{kN}$，取 75kN，这里近似按各柱相同输入。计算公式中轴力为墙及抹灰荷载×墙长度×墙高度，其中墙体高度为底层层高减去梁高。具体上式轴力 N 为

$$N = (砖容重 \times 墙厚 + 抹灰容重 \times 抹灰厚度 \times 双面抹灰) \times 墙长度 \times 墙体高度$$

选择"附加墙柱荷载编辑"命令，弹出"附加点荷载"输入的界面，如图 5.8 所示，输入恒载标准值。附加的点荷载如图 5.9 所示。

当前荷载类型					当前编辑状态	
◉ 附加点荷载		◯ 附加线荷载			◉ 布置荷载	
					◯ 删除荷载	
(局部坐标系) N (kN)	Mx (kN*m)	My (kN*m)	Vx (kN)	Vy (kN)		
恒载标准值	75	0	0	0	0	
活载标准值	0	0	0	0	0	

图 5.8　附加点荷载输入的界面

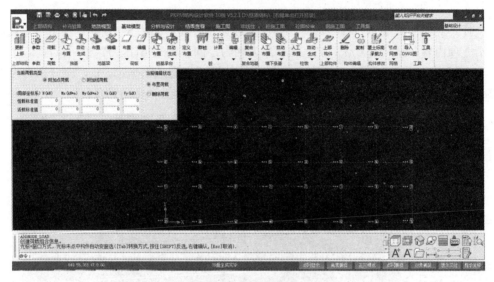

图 5.9　附加点荷载

5.2.4　柱下独基

在"基础模型"菜单中单击"独基"组中的"自动生成"，在弹出的下拉菜单中选择"自动优化布置"命令，如图 5.10 所示。按 Tab 键切换窗口方式选取。选取所有框架柱，屏幕弹出基础设计参数输入的界面，程序自动生成柱下独立基础，如图 5.11 所示。可切换至轴测视图查看基础布置情况，如图 5.12 所示。

图 5.10　独基的"自动生成"下拉菜单

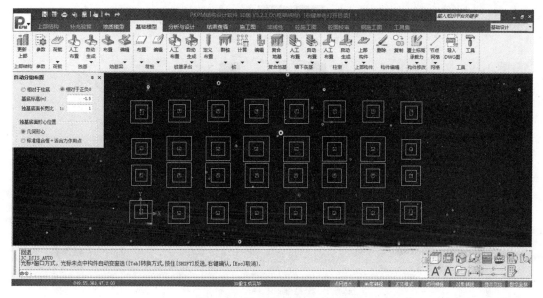

图 5.11　柱下独立基础的布置

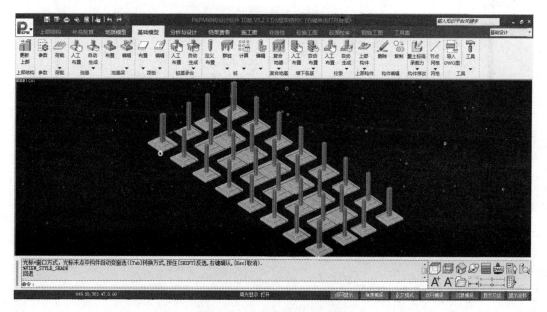

图 5.12　柱下独立基础三维图

5.2.5　基础文本结果查看

在"基础模型"菜单中选择"独基"组中的"自动生成"，在弹出的下拉菜单中可选择"总验算、计算书"及"单独验算、计算书"等命令，如图 5.13 所示。选择"总验算、计算书"命令，将自动生成独基的承载力、冲切和剪切计算结果，如图 5.14 所示。

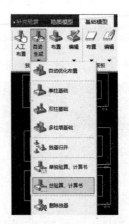

图 5.13　"自动生成"下拉菜单中有关计算书的命令

序 号	节点号	中心点X, Y(MM)	FA(KPA)	PAVG	PMAX	受拉区
1	1	100. 250.	252.	127.（11）	254.（21）	0.00（1）	1
2	2	100. 5900.	194.	174.（10）	194.（12）	0.00（1）	1
3	3	100. 10000.	194.	174.（7）	195.（13）	0.00（1）	1
4	4	100. 15650.	252.	140.（10）	279.（20）	0.00（1）	1
5	5	6000. 100.	194.	178.（11）	196.（13）	0.00（1）	1
6	6	6000. 5900.	194.	182.（10）	191.（10）	0.00（1）	1
7	7	6000. 10000.	194.	184.（11）	193.（11）	0.00（1）	1
8	8	6000. 15800.	194.	180.（10）	197.（12）	0.00（1）	1
9	9	12000. 100.	194.	181.（11）	199.（13）	0.00（1）	1
10	10	12000. 5900.	194.	181.（10）	190.（10）	0.00（1）	1
11	11	12000. 10000.	194.	183.（1）	194.（11）	0.00（1）	1
12	12	12000. 15800.	194.	181.（10）	199.（12）	0.00（1）	1
13	13	18000. 100.	194.	181.（11）	199.（13）	0.00（1）	1
14	14	18000. 5900.	194.	189.（10）	199.（10）	0.00（1）	1
15	15	17900. 10000.	194.	183.（1）	194.（11）	0.00（1）	1
16	16	17900. 15800.	194.	183.（10）	200.（11）	0.00（1）	1
17	17	24000. 100.	194.	181.（11）	199.（13）	0.00（1）	1
18	18	24000. 5900.	194.	189.（10）	199.（10）	0.00（1）	1

图 5.14　基础计算书

5.2.6　基础分析与设计

在"分析与设计"菜单中选择"生成数据+计算设计"命令，程序自动计算基础，计算完成后自动跳转到"结果查看"菜单，如图 5.15 所示。单击"结果查看"菜单，即可选择"承载力校核""配筋""冲剪局压""设计简图"等命令查看相应的图形结果。在"文本结果"组中单击"计算书"在弹出的下拉菜单中选择"生成计算书"命令，弹出"计算书设置"对话框，如图 5.16 所示，单击右下角"生成计算书"按钮，即可形成完整的计算书内容，如图 5.17 所示。

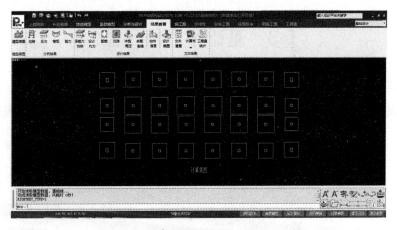

图 5.15　基础计算的"结果查看"菜单

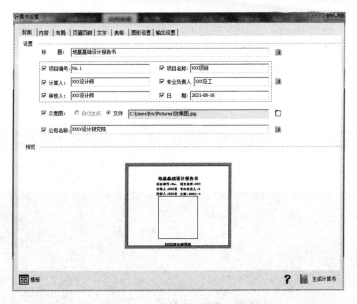

图 5.16　"计算书设置"对话框

图 5.17　地基基础设计计算书

5.3 基础平面施工图

在屏幕上方单击"施工图"菜单，进入基础施工图界面，如图 5.18 所示。

图 5.18 基础"施工图"菜单

5.3.1 标注轴线

在"施工图"菜单的"标注"组中单击"轴线"，在弹出的下拉菜单中选择"自动标注"命令，弹出"自动标注轴线参数"对话框，如图 5.19 所示，选择要标注轴线的方向，然后单击"确定"按钮，标注轴线后的基础平面图如图 5.20 所示。

图 5.19 自动标注轴线参数对话框

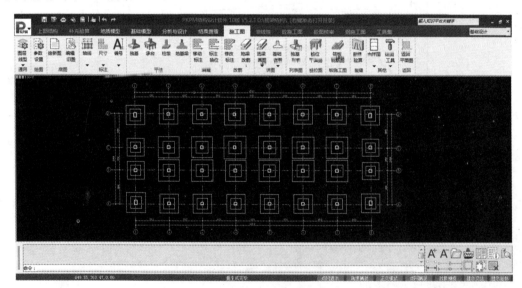

图 5.20 标注轴线的基础平面图

5.3.2 标注尺寸

在"施工图"菜单的"标注"组中单击"尺寸"，在弹出的下拉菜单中选择"独基尺寸"命令，标注每个独立基础相对于轴线的尺寸，标注独基尺寸的基础平面如图 5.21 所示。

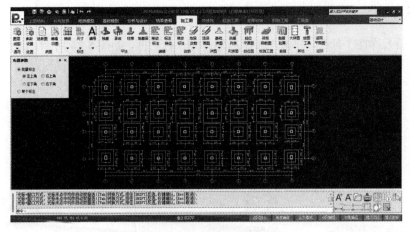

图 5.21　标注独基尺寸

5.3.3　编号

在"施工图"菜单的"标注"组中单击"编号"，在弹出的下拉菜单中选择"独基编号"命令，弹出选择编号标注方式的对话框如图 5.22 所示，单击"自动标注"按钮，程序自动对所有独立基础进行编号。

图 5.22　选择编号标注方式对话框

5.3.4　基础详图

在"施工图"菜单的"详图"组中单击"基础详图"，弹出的一个下拉菜单。

1. 绘图参数

选择"绘图参数"命令，在弹出的"绘图参数"对话框中，可设置绘图相关参数，如图 5.23 所示。

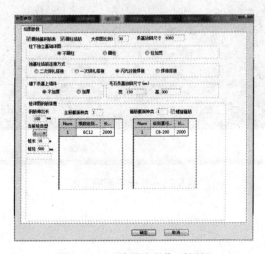

图 5.23　"绘图参数"对话框

2. 插入详图

选择"插入详图"命令，弹出"选择基础详图"对话框，如图5.24所示。选择详图DJJ01和DJJ10到屏幕指定的位置。最终完成的基础平面施工图如图5.25所示。

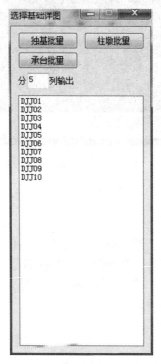

图5.24 "选择基础详图"对话框

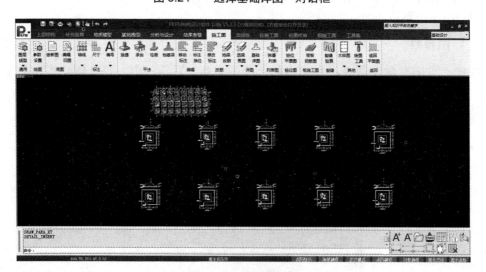

图5.25 基础平面施工图

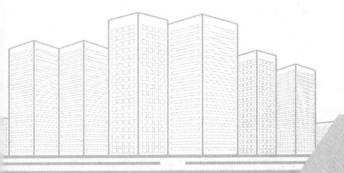

第6章　LTCAD(楼梯辅助设计)软件介绍

※ 【内容提要】

本章主要内容包括：楼梯交互式数据输入、楼梯配筋校验、楼梯施工图。本章教学内容的重点是：楼梯参数输入、楼梯布置。本章教学内容的难点是：楼梯配筋校验。

※ 【能力要求】

通过对本章内容的学习，学生应熟练掌握 LTCAD 楼梯辅助设计软件设计楼梯的过程以及绘制施工图，了解各种异型楼梯的设计。

楼梯辅助设计软件(LTCAD)采用人机交互方式建立各层楼梯模型，继而完成钢筋混凝土楼梯结构计算、配筋计算及施工图绘制。它适用于单跑、两跑、三跑等梁式或板式楼梯及螺旋楼梯、悬挑楼梯等各种异型楼梯的设计。

LTCAD 模块可从 PMCAD 模块读取数据，也可独立输入各层楼梯间的轴线以及梁、柱、墙等，然后输入各层楼梯布置。

6.1　交互式数据输入

在 PKPM 的菜单栏中单击"楼梯"或者右上角的下拉列表框中选择"楼梯设计"选项，进入楼梯设计程序主菜单，如图 6.1 所示。

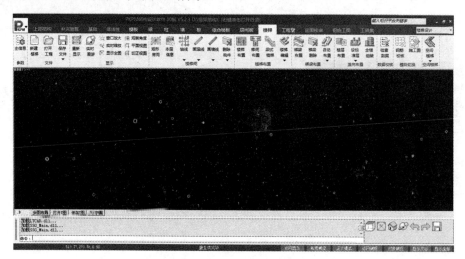

图 6.1　楼梯设计程序主菜单

普通楼梯设计的操作步骤包括以下几点

(1)　交互式数据输入。

(2)　楼梯钢筋校核。

(3)　楼梯施工图。

LTCAD 数据包括两部分：第一部分是楼梯间数据，包括楼梯间的轴线尺寸，其周边的墙、梁、柱及门窗洞口的布置，总层数及层高；第二部分是楼梯布置数据，包括楼梯板、楼梯梁和楼梯基础等信息。

6.1.1　主信息

在"楼梯"菜单的"参数"组中选择"主信息"命令，弹出"LTCAD 参数输入"对话框。"楼梯主信息一"选项卡如图 6.2 所示。"楼梯主信息二"选项卡如图 6.3 所示。

1．"楼梯主信息一"选项卡中的参数

(1)　施工图纸规格。规格有 1 号、2 号、3 号。若需加长图纸，可填写 2.5，2.25 等。

(2)　楼梯平面图比例。

(3) 楼梯剖面图比例。

(4) 楼梯配筋图比例。

(5) X 向尺寸线标注位置。1 在上，2 在下。

(6) Y 向尺寸线标注位置。

(7) 总尺寸线留宽。

(8) 踏步等分。是(0)，否(1)。

2. "楼梯主信息二"选项卡中的参数

(1) 楼梯板装修荷载标准值(kN/m^2)。

(2) 楼梯板活荷载标准值(kN/m^2)。

(3) 楼梯板混凝土强度等级。

(4) 楼梯板受力主筋级别。

(5) 休息平台板厚度。整个休息平台取一个厚度。

(6) 楼梯板负筋折减系数。隐含值 0.8。

(7) 楼梯板宽。按照实际输入。

(8) 楼梯板厚。默认 100mm，按实际情况计算调整。

(9) 梁式楼梯梁宽，梁式楼梯梁高。选中梁式楼梯厚设置梁式楼梯边梁梁宽和梁高。

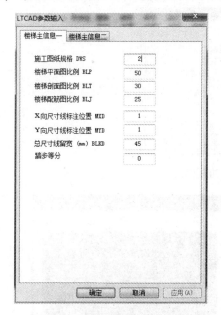

图 6.2　"楼梯主信息一"选项卡

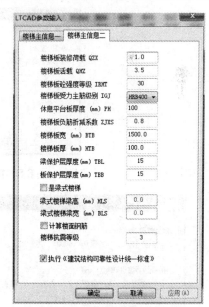

图 6.3　"楼梯主信息二"选项卡

6.1.2　新建楼梯工程

在"楼梯"菜单的"文件"组中选择"新建楼梯"命令，弹出"新建楼梯工程"对话框，如图 6.4 所示。

选择"手工输入楼梯间"单选按钮，输入楼梯文件名，建立楼梯间，单击"确认"按钮。

图 6.4 "新建楼梯工程"对话框

6.1.3 楼梯间

1. 矩形房间

在"楼梯"菜单的"楼梯间"组中选择"矩形房间"命令，弹出第 1 标准层信息，如图 6.5 所示，根据实际工程进行修改，修改后单击"确定"按钮。下一步弹出"矩形梯间输入"对话框，如图 6.6 所示。该命令为简便输入楼梯间的方式，在对话框中输入上下左右各边界的数据，程序自动生成一个房间和相应轴线，简化了建立房间的过程。

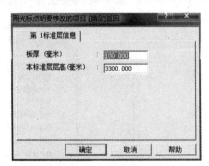

图 6.5 第 1 标准层信息

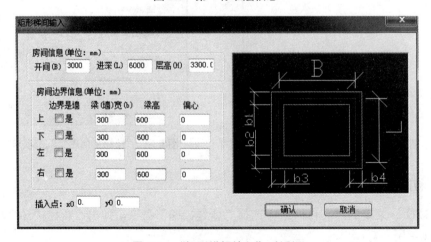

图 6.6 "矩形梯间输入"对话框

2. 墙布置

在房间四周布置 200mm 厚的墙。

6.1.4　楼梯布置

房间布置完成后，进行楼梯布置，单击"楼梯布置"命令。弹出请选择楼梯布置类型的对话框，如图 6.7 所示。

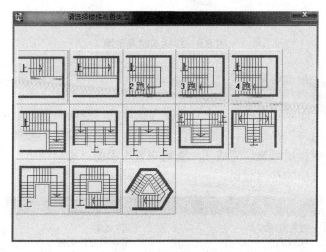

图 6.7　楼梯布置类型

楼梯布置类型共有 13 种可供选择，本例选择"平行两跑楼梯"，然后弹出"平行两跑楼梯的智能设计"对话框，如图 6.8 所示。单击工具栏中的"实时漫游"按钮，可以显示楼梯的实时漫游状态，如图 6.9 所示。

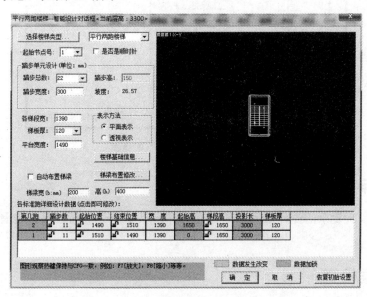

图 6.8　"平行两跑楼梯的智能设计"对话框

图 6.9 楼梯实时漫游图

6.1.5 竖向布置

在各标准层的平面布置完成后，在"楼梯"菜单的"竖向布置"组中选择"楼层布置"命令，弹出"楼层组装"对话框，添加标准层，然后单击"确定"按钮，如图 6.10 所示，类似 PMCAD 模块中楼层组装。完成了"竖向布置"中的"楼层组装"之后，可选择"全楼组装"命令观察楼梯的整体效果。

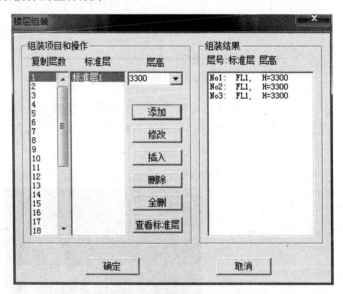

图 6.10 "楼层组装"对话框

6.1.6 保存文件

当完成一段较复杂的操作后应立即保存文件，以免由于断电等意外原因而造成输入成果的损失。

6.1.7 数据检查

数据检查用于对输入的各项数据的合理性检查，并向 LTCAD 主菜单中的其他命令传递数据。

6.2　钢 筋 校 核

6.2.1　工具栏

"楼梯"菜单的"模块切换"组中的命令分别是"钢筋校核"和"施工图"。

6.2.2　配筋计算及修改

1. 钢筋校核

选择"钢筋校核"命令后，屏幕上显示所选梯跑的配筋和受力图，如图 6.11 所示。

图 6.11　楼梯钢筋计算图

2. 修改钢筋

程序提供了对话框修改钢筋的方式，如图 6.12 所示。表格式修改可以集中修改所有梯跑的钢筋。

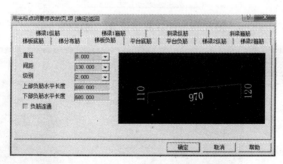

图 6.12　以对话框的方式修改钢筋

6.2.3　钢筋表

选择钢筋表后，屏幕上显示统计的所有钢筋详细列表，如图 6.13 所示。

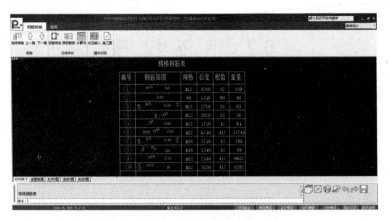

图 6.13　楼梯钢筋表

6.2.4　计算书

在"钢筋校核"菜单(见图 6.13)中选择"计算书"命令，弹出"计算书设置"对话框，如图 6.14 所示，设置完，单击"生成计算书"按钮，程序自动根据目前的楼梯数据生成楼梯计算书，如图 6.15 所示，计算书内容包括三部分：荷载和受力计算、配筋面积计算及配筋结果。

图 6.14　"计算书设置"对话框

图 6.15　楼梯计算书

6.3　楼梯施工图

经过钢筋校核后进入施工图模块，施工图包含五部分内容：平面图、平法绘图、立面图、配筋图以及图形合并。进入楼梯施工图模块后，程序默认进入第一标准层楼梯平面图。本例中部分施工图如 6.16～图 6.18 所示。

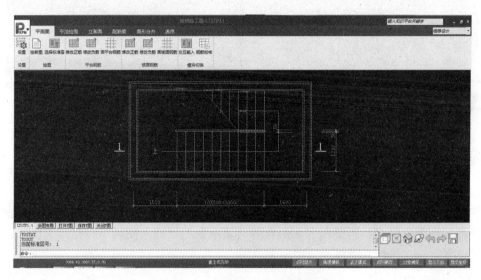

图 6.16　"平面图"菜单与平面图

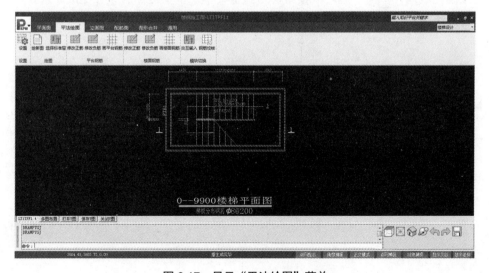

图 6.17　显示"平法绘图"菜单

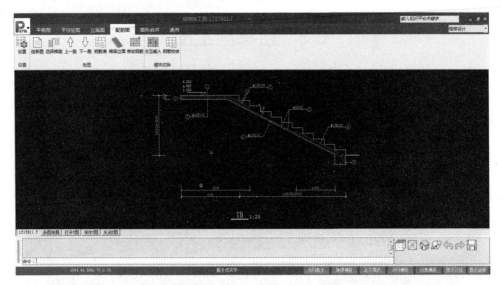

图 6.18　"配筋图"菜单及其应用

6.3.1　图形合并

图形合并是将前面生成的平面图、立面图、配筋图按需归并到一张图上。先在窗口中选择各图的图形文件名，再单击"图形合并"菜单中的"插入图形"，显示该图，拖动到合适的位置，依次排列，形成一张楼梯施工图。

6.3.2　退出程序

施工图完成后，单击"返回"按钮，回到主菜单，整个楼梯的设计完成。选择"关闭"命令，即退出楼梯设计程序。

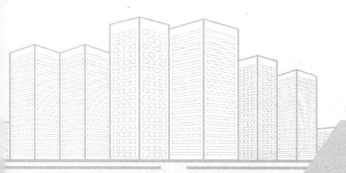

第 7 章　探索者TSSD系列结构设计软件介绍

※ 【内容提要】

本章主要内容包括：探索者结构设计软件简介、梁平面图绘制、板平面图绘制、钢筋绘制及板式楼梯计算的主要步骤。

※ 【能力要求】

通过对本章内容的学习，学生应了解探索者 TSSD 结构设计软件的安装；了解探索者具备的基本功能，如尺寸、文字、钢筋、表格等的编辑工具；重点了解探索者软件的主要绘图步骤和常见的计算工具；了解探索者结构设计软件的特点与学习方法。

7.1　探索者 TSSD 系列结构设计软件简介

CAD 绘图软件平台模块 TSSD 软件，一般称之为"探索者"。它拥有强大的功能，适用于建筑机械绘图，提供了方便的参数化绘图工具，齐备的结构绘图工具集，快捷的钢筋、文字处理功能，方便的表格填写功能，强大的图库和词库功能，独特的小构件计算等，所有的工具不仅高效实用，而且充分考虑了设计人员的绘图习惯。应用 TSSD 软件可以缩短绘图时间，大大提高设计、计划工作的技术含量、工作深度和决策质量。

TSSD 软件以国家设计规范为依据，与《混凝土结构施工图平面整体表示方法和构造详图》一致，采用了新标准规定的绘图方法绘制施工图，同时考虑广大设计人员的习惯，保留了按照传统的绘图习惯绘制施工图。因此，使用本软件绘制结构施工图具有广泛的通用性。

本章内容对 TSSD2017 版进行介绍，TSSD2017 版是以 AutoCAD 为平台，以 Object ARX、Visual C、Auto Lisp 为开发工具进行研制开发的专业结构软件。TSSD2017 版仍以为用户提供工具为主，完整配套设置为用户创造了良好稳定的工作环境；小构件边算边画功能深深地吸引了广大工程师；系统化的平面布置大大提高了所有工程师的工作效率；尺寸、文字、钢筋、表格等的编辑工具更是优于其他同类产品。TSSD 软件的绘图界面如图 7.1 所示，使用 TSSD 提供的各项功能来绘制、编辑结构图。TSSD2017 版的菜单分为下拉菜单和屏幕菜单两种，下拉菜单为：TS 图形接口、TS 梁图校对、TS 平面、TS 构件、TS 计算 1、TS 计算 2 和 TS 工具，如图 7.2～图 7.4 所示。屏幕菜单在绘图区右侧，如图 7.5 所示。

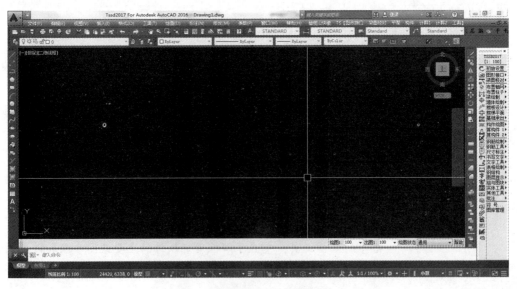

图 7.1　TSSD 软件的绘图界面

TS 图形接口

TS 梁图校对

TS 平面

图 7.2　TSSD2017 的下拉菜单之一

TS 构件

TS 计算 1

图 7.3　TSSD2017 的下拉菜单之二

TS 计算 2

TS 工具

图 7.4　TSSD2017 的下拉菜单之三

图 7.5　TSSD2017 的屏幕菜单

7.2　梁平面图的绘制

下面以如图 7.6 所示的梁平法施工图为例，介绍和熟悉 TSSD 的菜单结构，初步了解轴网、柱子、梁线的绘制方法。

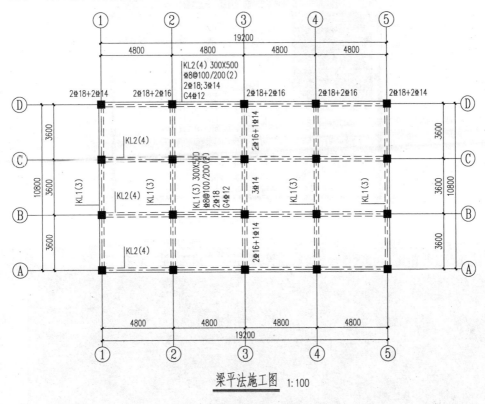

图 7.6　梁平法施工图

7.2.1　布置轴网

1. 矩形轴网

在"TS 平面"的"轴网"下拉菜单中选择"矩形轴网"命令，屏幕弹出如图 7.7 所示的对话框，该命令用于绘制矩形轴网、正交轴线、斜交轴网，还可以拼接复杂轴网。

对话框的预览框内显示矩形轴网示意图，可以动态显示用户设置的矩形轴网的几何信息。在左侧的"开间/进深"中选取开间或进深类型，在"数量"和"尺寸"栏内直接键入开间或进深的重复数和尺寸，也可以鼠标选中数据后单击"加入"按钮，结果在右侧栏内表示出来。"加入"按钮可以将数量、尺寸放置在右侧栏内选中的数据后，"替换"按钮用来替换右侧栏内选中的数据，"上移""下移"按钮用来移动调整右侧栏内选中的数据，"删除"按钮用来删除右侧栏内选中的数据，"全清"按钮则用来完全清除数据。

"图中量取"按钮用于在图面上量取已有轴网的开间或进深，并将轴网尺寸导入右侧栏中，此功能在拼接轴网时用处非常大。轴网转角是可以设置的，在文本栏中可键入 X 轴与 Y 轴的转角；也可以单击按钮，在图中选取一条方向线。在转角的过程中，如果选取了保持正交，则轴网保持正交状态进行旋转。

所有矩形轴网数据输入完成，并确认无误后，单击"确定"按钮，用鼠标左键在绘图区点击定位点，即可完成矩形轴网的自动绘制，如图 7.8 所示。

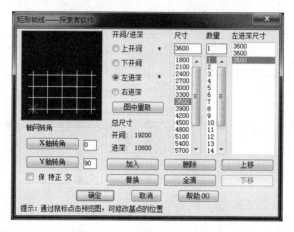

图 7.7　"矩形轴线"对话框

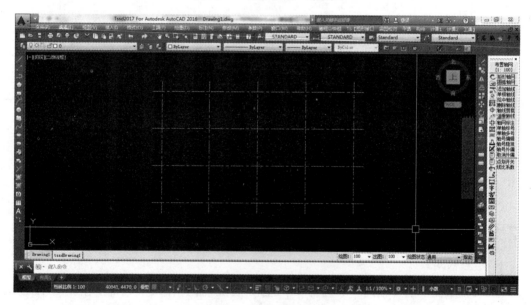

图 7.8　矩形轴网绘制

2. 轴网标注

在屏幕右侧菜单的"布置轴网"子菜单中选择"轴网标注"命令，选择此命令后，命令行提示："拾取要标轴线最外侧的横断轴线(选取点靠近起始编号)<退出>："，选择轴网上的一根轴线，此轴线横断的轴线将被标注，靠近点取位置的一端为轴号的起始位置。命令行提示"选择不需要标注的轴线<无>："，如有请选择轴载，选择后确定，按 Enter 键或者鼠标右键；如没有，直接按 Enter 键或者鼠标右键。案例图中没有，直接按 Enter 键。命令行提示"输入轴线起始编号<1>："键入轴线的起始编号。直接按 Enter 键，取默认值 1，自动生成开间的尺寸轴号，同样生成进深的尺寸轴号，如图 7.9 所示。

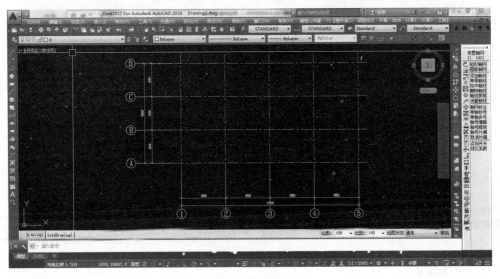

图 7.9 轴网标注

💡 **注意**：上/下开间和左/右进深主要是针对轴网不贯通的情形，可分别进行轴网标注，也可统一标注。

7.2.2 布置柱子

在屏幕右侧菜单的"布置柱子"子菜单中选择"插方类柱"命令，选择此命令后，弹出如图 7.10 所示的对话框。

"方类柱"类型包括矩形、工字形、十字形、T 形、L 形、槽形，其具体尺寸、转角、偏心距离可直接在对话框中输入，程序依据输入的数据动态显示柱子的形状。

TSSD 的柱是用 PLINE 线绘制的，其缺省设置为空心柱，外轮廓为粗线，粗线的宽度以"初始设置"中粗线宽度为准。绘图习惯不同的用户，可在对话框中选择"柱子细线""柱心填实"，如果有斜交轴线、圆弧轴线还可以选择"随轴旋转"。

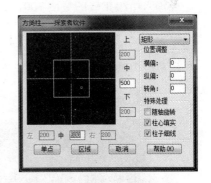

图 7.10 插方类柱对话框

柱子的布置方式有"单点""区域"两种。"单点"布置由鼠标确定定位点，没有任何限制。"区域"布置只能在轴线交点上布置柱。单击"单点"按钮，鼠标左键依次点取柱的插入点，一次插入一个柱，可连续插柱。单击"区域"按钮，在两角点形成的矩形区域内，程序自动在所有轴线交点位置上插入柱。

案例选择"区域"，选择所有轴网，在轴网交点布置柱子，如图 7.11 所示。

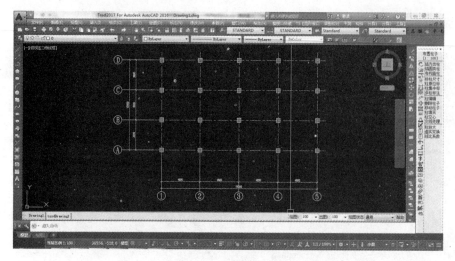

图 7.11　布置柱子

7.2.3　梁绘制

在"梁绘制"中使用较多的梁线绘制是"轴线布梁"和"画直线梁"。"轴线布梁"命令用于完成多根轴线上梁的自动绘制，"画直线梁"命令用于连续或单根绘制直梁线。单击此命令，屏幕弹出"绘制双线"对话框，如图 7.12 所示。

图 7.12　"绘制双线"对话框

输入所绘梁线的宽度 300，梁的类型分为主梁和次梁，梁线可绘制成直线和虚线两种，设置为"主梁"，选择"虚线"，选择梁的类型、所用的线型后，命令行提示："选择轴网生梁窗口的第一点<退出>："，选择图上的矩形第一角，然后选择图上的矩形另一角，矩形范围内的轴线布置上梁线，如图 7.13 所示。梁线相交处程序会按优先级进行断开处理。

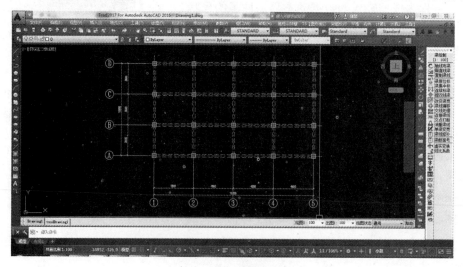

图 7.13　轴线布梁

注意：考虑到各梁线的偏心值不一定相同，所以"绘制双线"对话框中的"偏心"选项被关闭，因此轴线布梁只布置与轴线对中的梁线。

一般情况下，梁线应该绘制为虚线(线条不可见)，当梁可见时，应该绘制为实线。在"梁绘制"中使用"虚实变换"，该功能可实现虚线和实线间的相互转换。单击此命令，命令行提示："选择要变换的梁线<退出>："，用户可以根据命令行的提示点取或窗选需要进行虚实变换的梁线，选取完成后，单击鼠标右键或直接按 Enter 键，即可完成所选梁线的虚实变换。该平面图四周的梁最外侧线应为实线，转换之后如图 7.14 所示。

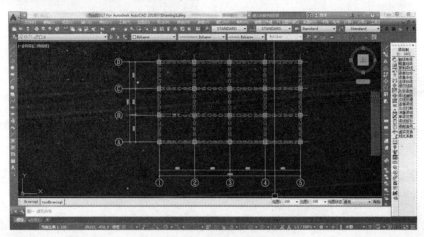

图 7.14　虚实变换最外侧梁线

7.2.4　梁的标注

1. 梁集中标

在"梁绘制"单击"梁集中标"，用于在平面图上标注梁的编号及其配筋。单击此命令，屏幕弹出如图 7.15(a)所示对话框，此程序支持多种输入方式，可在对话框内选择需要标注的内容，也可以在左面的文本框内直接输入标注的内容、设定格式，还可以返查历史纪录，直接标注。绘制结果如图 7.15(b)所示。

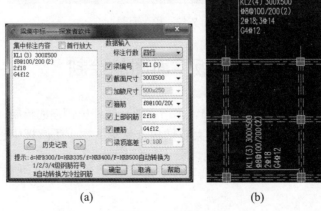

(a)　　　　　　　　　(b)

图 7.15　梁集中标

2. 梁原位标

在"梁绘制"单击"梁原位标"，用于在平面图上标注梁的编号及其配筋。单击此命令，屏幕弹出如图 7.16(a)所示对话框，其用法同柱原位标注。绘制结果如图 7.16(b)所示。

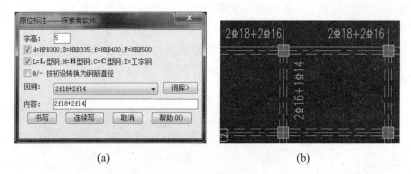

(a)   (b)

图 7.16　梁原位标

绘制的梁平面图如图 7.17 所示。

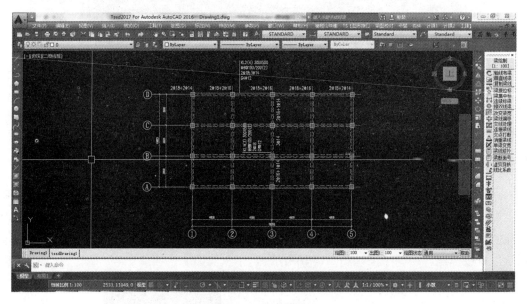

图 7.17　梁平面图

7.3　板平面图的绘制

轴网、柱子、梁线的绘制同 7.2 节。本节主要介绍楼板钢筋的绘制。下面以如图 7.18 所示的板平面图为例，介绍 TSSD 的菜单结构，使学生初步了解板中正筋、负筋的绘制方法。

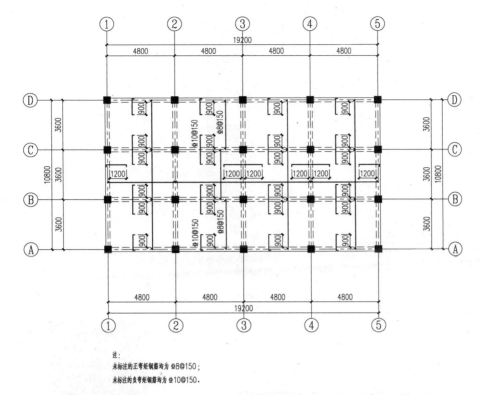

注：
未标注的正弯矩钢筋均为 ⊈8@150；
未标注的负弯矩钢筋均为 ⊈10@150.

图 7.18　板平面图

7.3.1　自动正筋

在屏幕右侧菜单中单击"钢筋绘制"，弹出"钢筋绘制"菜单，如图 7.19 所示。单击"自动正筋"，用于自动在直线及弧梁(墙)间，用户指定的板跨范围内画板正筋。当图中已有计算结果，则自动按计算结果的归并结果配置；当图中没有计算结果，则按系统默认值进行配置。如果系统未能正确搜索出板边双线，则把钢筋绘制在用户指定的两点间，同时按系统默认值进行配置。

单击此命令，命令行提示："点取正筋起点<退出>："，单击板正筋起始点，系统自动搜索可以作为板边的双线，把双线的中线作为正筋的起始边。当系统未能搜索到板边双线，则自动将点取点作为起始点。下一步提示"终点<退出>："，同起始点一样，系统自动搜索可以作为板边的双线，把双线的中线作为正筋的结束边。搜索结束后，钢筋在图中显亮，用户可以进行拖动。当系统未能搜索到板边双线，则自动将所选取的点作为结束点。当板边搜索正确并且所选范围内有计算结果，则计算结果的配筋面积显示在图中。弹出对话框如图 7.20 所示，对话框中的内容默认为计算出来的数值，可以在操作过程中随时修改对话框中的内容，并自动把钢筋绘制完成。只有当系统搜索到板边时，命令行提示："位置<退出>："，选取板正筋的位置，用户拖动显亮的钢筋将其布置在适当的位置。系统自动将正筋绘制完成。如图 7.21 所示。

图 7.19　"钢筋绘制"菜单

图 7.20　"正筋设置"对话框

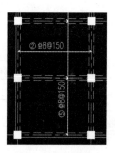

图 7.21　自动正筋示意

7.3.2　多跨负筋

在"钢筋绘制"菜单中选择"多跨负筋"命令，此命令用于连续布置多跨负筋。选择该命令，命令行提示："点取多跨负筋的起始点<退出>："，选取起点，选取板负筋起始点，系统自动搜索可以作为板边的双线及相邻板边的跨度，把跨度的 1/4(与钢筋设置一致)线作为负筋的起始边。当系统未能搜索到板边双线，则自动将点取点作为起始点。提示"终止点<退出>："，选取终点，同起始点一样，系统自动搜索可以作为板边的双线及相邻板边的跨度，把跨度的 1/4(与钢筋设置一致)线作为负筋的结束边。搜索结束后，钢筋在图中显亮，用户可以进行拖动。当系统未能搜索到板边双线，则自动将选取的点作为结束点。当板边搜索正确并且所选范围内有计算结果时，则计算结果的配筋面积显示在图中，弹出如图 7.22 所示的对话框，在对话框中输入标注内容。命令行提示："入起始端长度<900>："，当遇到不同跨度时，程序自动在对话框中提示下一钢筋编号，并可继续配筋。

当遇到与前一板跨相同时，程序会默认为上一钢筋编号，此时也可以更改编号来绘制不同的钢筋。当选择范围内有计算结果时，把默认值改为计算结果，并在选择完后，把计算结果显示在图中，如图 7.23 所示。绘制的板平面图如图 7.24 所示。

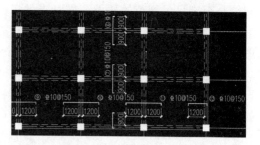

图 7.22　"负筋设置"对话框　　　　图 7.23　连续多跨负筋示意

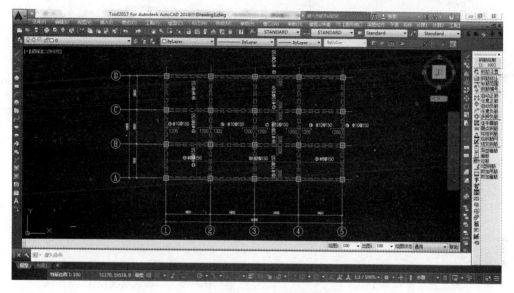

图 7.24　板平面图

7.4　板式楼梯计算

在屏幕右侧菜单中单击"算构件 1",展开"算构件 1"菜单,如图 7.25 所示。选择"板式楼梯"命令,可对五种板式楼梯进行配筋计算并生成计算书、绘制详图。选择此命令,屏幕弹出如图 7.26 所示的对话框。

在基本参数对话框中分别输入进行楼梯计算的各项参数信息,包括以下几项内容。

(1) 类型选择。共五种方式,可通过下拉菜单切换,当前显示的即为选取的;可单击类型选择按钮放大示意图。

(2) 限值设置。包括挠度和裂缝的限值设置。

(3) 设计参数。包括支座筋取跨中值、混凝土标号、钢筋级别、as 值。

(4) 几何尺寸。包括楼梯踏步数、梯板尺寸、层高等。

(5) 楼梯荷载。包括可变荷载、面层荷载、栏杆线荷载。

可根据具体情况考虑支座对于跨中的影响。

基本参数信息输入完成后,单击"计算"按钮,程序自动完成楼梯的计算。单击"计算结果"选项卡,如图 7.27 所示,对话框中输出楼梯板底受力钢筋的计算结果,并提示挠度和裂缝是否满足了规范的要求，同时提供多种可选的配筋方案，可选择其中一种方案或自行编辑以便进行楼梯详图的绘制和生成计算书。单击"计算书"按钮，弹出计算书的计算简图及计算的详细计算过程，可检查以便校核和存档，如图 7.28 所示，单击"计算书"按钮，自动生成 Word 版本计算书并打开。单击"绘图预览"选项卡，对绘图预览中的各项参数设置完成后，可单击"绘图"按钮，直接转入 CAD 绘图界面，绘制出板式楼梯的施工图，如图 7.29 所示，单击"绘图"按钮，程序自动绘图并生成 CAD。

图 7.25　算构件 1 菜单

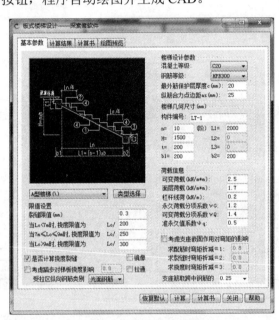

图 7.26　"板式楼梯设计"对话框

图 7.27　计算结果

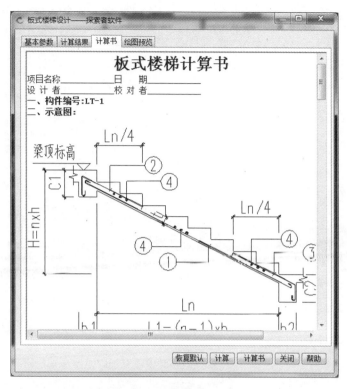

图 7.28　板式楼梯计算书

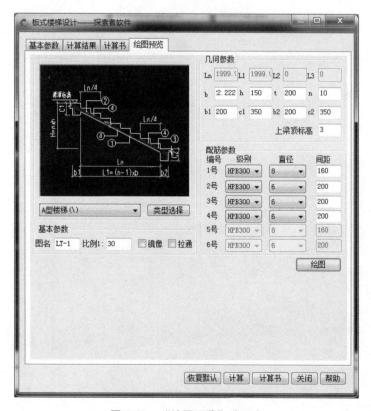

图 7.29　"绘图预览"选项卡

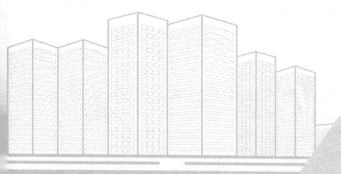

第 8 章　PKPM-BIM 概述与 PKPM-PC 简介

※ 【内容提要】

本章主要内容包括：PKPM-BIM、PKPM-PC 软件的主要步骤，以及课程特点与学习方法。

※ 【能力要求】

通过对本章内容的学习，学生应了解 PKPM-BIM 和 PKPM-PC 的定义；PKPM-BIM 的架构体系；掌握 PKPM-PC 装配式建筑的主要设计步骤；了解本课程的特点与学习方法。

8.1 PKPM-BIM 概述

8.1.1 PKPM-BIM 的定义

PKPM-BIM 系统(简称 PKPM-BIM)，遵循信息数据化、数据模型化、模型通用化的 BIM 理念，系统界面如图 8.1 所示。利用 PKPM 建筑、结构、机电、绿色建筑等方面的集成优势，探索 BIM 技术在项目全生命周期的综合应用，通过统一的三维数据模型架构，建立了建筑工程协同设计专业信息共享平台及多专业设计软件，为设计单位提供更符合中国建筑规范和设计流程的 BIM 整体解决方案。

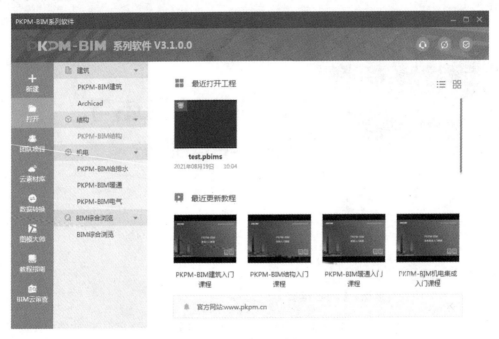

图 8.1 PKPM-BIM 系统界面

8.1.2 PKPM-BIM 的架构体系

PKPM-BIM 由基础平台层、专业平台层和工具软件层三个层面组成。

基础平台由数据中心、图形平台和网络协同平台组成，为系统提供底层技术支撑。

专业平台由建筑、结构、MEP(机械、电气、管道)等多个专业平台组成，用于存储各专业设计的专有数据，并可实现不同专业间的数据传递。

工具软件由各种专业设计软件组成，每个软件满足设计过程中的某一专项设计，可从专业平台中存取数据。

PKPM-BIM 的层次架构如图 8.2 所示。

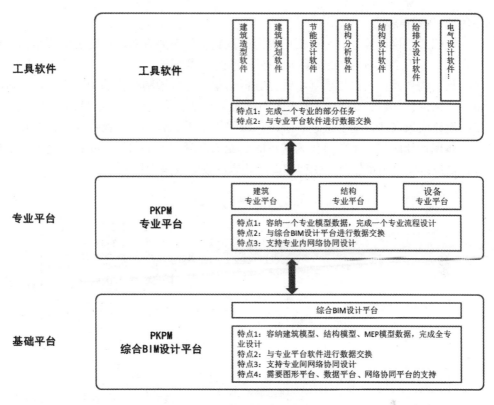

图 8.2　PKPM-BIM 层次架构

8.2　PKPM-PC 装配式建筑设计软件简介

随着建筑工业化的发展，装配式建筑在全国范围内正在逐步广泛应用，相应的行业标准《装配式混凝土结构技术规程》(JG11—2014)、国家标准图集、各地的地方标准图集也都纷纷编制与出版，装配式建筑适应工业化、节能、环保的发展要求，必将是未来建筑领域的发展方向。

为了适应装配式的设计要求，PKPM 编制了装配式建筑设计软件 PKPM-PC，包含了两部分内容：第一部分结构分析部分，在 PKPM 传统结构软件中，实现了装配式结构整体分析及相关内力调整、连接设计等部分内容；第二部分在 BIM 平台下实现了装配式建筑的精细化设计，包括预制构件库的建立、三维拆分与预拼装、碰撞检查、预制率统计，构件加工详图、材料统计、BIM 数据接力到生产加工设备。

PKPM-PC 为广大设计单位设计装配式建筑提供简便的设计工具，提高设计效率，减少设计错误，推动住宅产业化的进程。

装配式混凝土项目已形成一套较为完整、稳定的结构设计流程，如图 8.3 所示，该流程可总结为以下五个主要阶段。

(1) 结构模型创建。建立设计所需的结构模型，并进行初步验算，保证该模型复核结构设计的基本要求。

(2) 装配式方案选定。确定各类预制构件的布局，确保该布局方案可以满足装配率、预制率等项目指标要求。

（3）装配式结构计算分析。根据所确定的预制构件布局方案，进行装配式结构分析计算，确保计算分析结果满足装配式结构规范标准的各类条文。

（4）预制构件设计及深化。基于计算分析结果，进行预制构件的配筋设计，并对构件细节进行深化调整，确保设计中不存在构件碰撞，保证各类机电提资信息已得到完整表达。

（5）设计成果表达。基于上述各阶段，最终输出平面施工图、构件加工详图及各类报审文件以体现设计成果。本项目作为常规的装配式混凝土框架项目，亦将遵循上述常规设计流程，以最终输出满足报审、生产和施工要求的设计成果为目标。

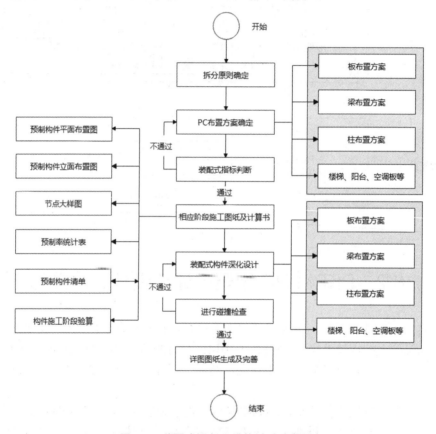

图 8.3 装配式混凝土结构设计流程图

8.2.1 结构建模

打开 PKPM-PC，界面如图 8.4 所示。

PKPM-PC 共有三类建模方式可选，即建筑模型转换、PM 模型导入和三维交互建模。建筑模型转换是参考建筑师在 PKPM-BIM 平台上建立的结构模型，由结构工程师对承重构件与非承重构件进行区分标记，进而使用建筑模型中的构件截面、构件定位等信息直接生成初版结构模型。PM 模型导入是由结构工程师在 PKPM 结构设计系统内的 PM 模块完成建模，之后将模型完整地导入 PKPM-PC 内进行后续设计。三维交互建模是由结构工程师直接在 PKPM-PC 模块内，通过三维坐标系、轴网等信息完成模型的创建。

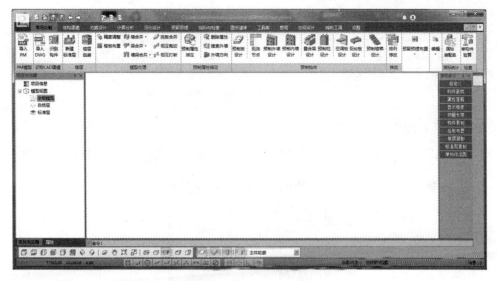

图 8.4　PKPM-PC 界面

本项目在设计时采用了 PKPM-PMCAD 模型，并且作为框架项目，建筑模型中的承重构件与非承重构件较易标记区分。因此，本项目在设计时，通过"导入 PM"功能直接生成结构模型，完成了结构模型创建，以此提高建模效率，如图 8.5 所示。

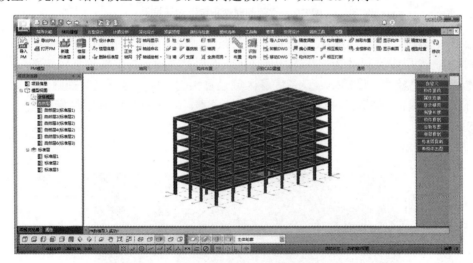

图 8.5　导入 PM 模型

8.2.2　方案设计

在装配式方案设计阶段，结构工程师需进行预制构件布局范围的选定、构件类型及工艺的选择，以及构件拆分方案初步设计。

1. 梁合并

"方案设计"菜单如图 8.6 所示。在"方案设计"菜单的"前处理"组中选择"梁合并"命令，对主梁进行合并。

图 8.6　"方案设计"菜单

2. 预制属性指定

"前处理"完成后进行"预制属性指定"。"预制属性指定"对话框如图 8.7 所示。

图 8.7　"预制属性指定"对话框

根据《装配式混凝土结构技术规程》相关条文，最终确定的预制构件类型及布局楼层为预制柱(1～6 层)、预制梁(2～5 层)、预制板(2～5 层)。在设计每层的预制构件平面布局时，应尽量避免在电梯井、楼梯间、设备间等区域设置预制构件，尽可能对规则化、标准化区域进行预制，提供预制构件模板复用率，降低成本。本项目最终确定的标准层平面布局如图 8.8 所示。

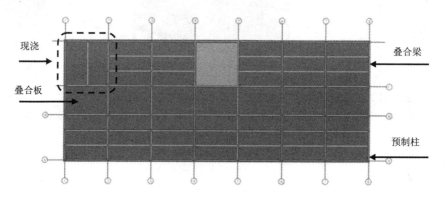

图 8.8　标准层预制构件平面布置图

选定预制范围后，结构工程师通过 PKPM-PC 内的"预制属性指定"功能，将装配式构件与现浇构件分别标记，并以不同的颜色区分，效果如图 8.9 所示。

3. 楼板拆分设计

在"方案设计"菜单的"预制楼板"组中选择"楼板拆分设计"命令，弹出楼板拆分设计的对话框，如图 8.10 所示，设置参数后单击楼板进行拆分。

4. 梁拆分设计

在"方案设计"菜单的"预制梁柱"组中选择"梁拆分设计"命令，弹出的对话框如图 8.11 所示。选取梁进行拆分设计。

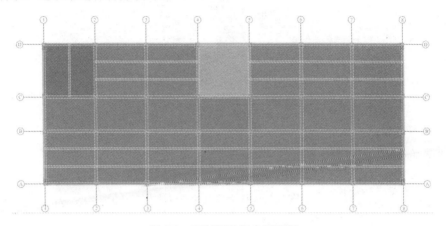

图 8.9　预制属性指定平面图

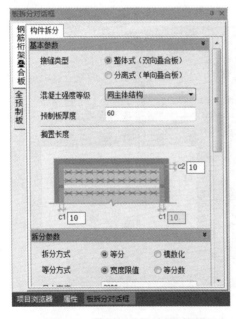

图 8.10　楼板拆分设计的对话框

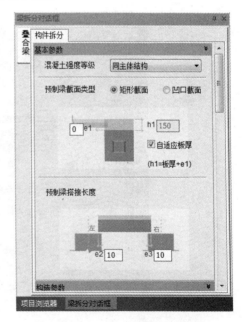

图 8.11　梁拆分设计的对话框

5. 柱拆分设计

在"方案设计"菜单的"预制梁柱"组中选择"柱拆分设计"命令，弹出的对话框如图 8.12 所示。选取柱进行拆分设计。

拆分预制后构件截面部分示意图如图 8.13 所示。

方案设计在标准层操作，完成以上步骤后，在"工具集"菜单中使用"预制构件复制"命令，选择"标准层到自然层"命令，将所有的标准层同步到自然层。

图 8.12　柱拆分设计的对话框

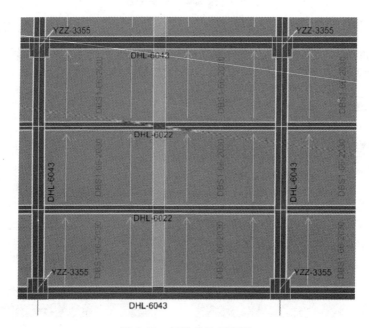

图 8.13　拆分构件示意图

在"指标与检查"菜单中选择"指标统计"组中的"预制率"命令，弹出"预制率统计"对话框，如图 8.14 所示，单击"计算"按钮，软件对该建筑统计装配式建筑预制率，如图 8.15 所示。

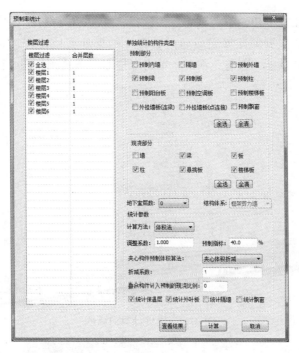

图 8.14　"预制率统计"对话框

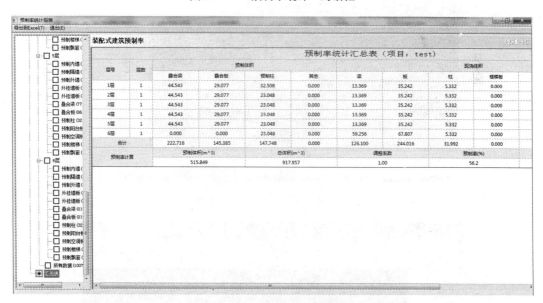

图 8.15　统计装配式建筑预制率

8.2.3　计算分析

"计算分析"菜单如图 8.16 所示。在"结构分析"组中选择"计算分析"命令，弹出"整体计算"对话框，如图 8.17 所示。单击"确定"按钮，软件自动处理，处理完成模型后进入 PMCAD 界面，如

图 8.16　"计算分析"菜单

图 8.18 所示。在界面右上角的下拉列表框中选择"SATWE 分析设计"命令，单击"确定"按钮，然后软件自动计算，计算完成后，查看"结果"菜单，在"设计结果"组中"配筋"命令，如图 8.19 所示。查看无误后，单击屏幕右上角关闭按钮，回到 PKPM-PC 界面。

图 8.17 整体计算对话框

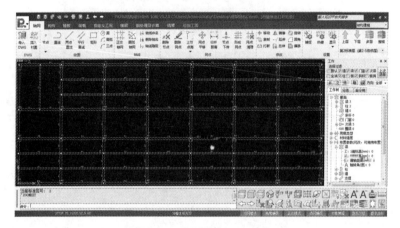

图 8.18 装配式 PMCAD 界面

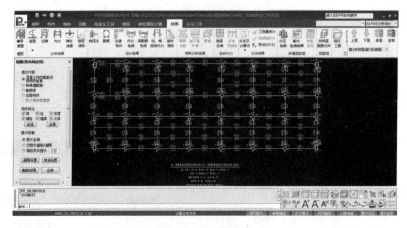

图 8.19 配筋结果

8.2.4　深化设计

计算完成后，在菜单栏中单击"深化设计"，菜单如图 8.20 所示。

图 8.20　"深化设计"菜单

进行预制构件配筋设计时，应充分考虑《混凝土结构设计规范》《建筑抗震设计规范》《装配式混凝土结构技术规程》等规范的条文内容，并将构件生产及施工的便捷性纳入设计参考范围。

1. 楼板配筋设计

在"预制楼板"组中选择"楼板配筋设计"命令，选取叠合板，软件为叠合板进行配筋。钢筋桁架叠合板的设计相对较为简单，钢筋规格和排布可由计算结果确定，钢筋桁架的排布规则根据《装配式混凝土结构技术规程》确定，并由"设计参数"对话框内的参数值控制，完成构件设计的单向钢筋桁架叠合板 BIM 模型如图 8.21 所示。在"指标与检查"菜单中选择"单构件验算"命令，然后单击某一块叠合板，即对该板进行验算，并弹出"叠合板计算校核说明书"，如图 8.22 所示。

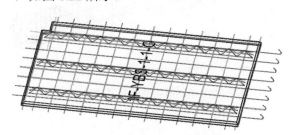

图 8.21　单向钢筋桁架叠合板

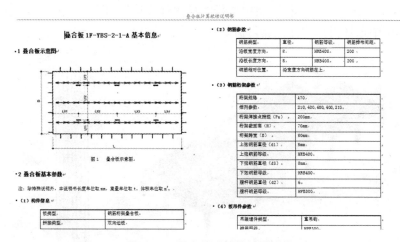

图 8.22　叠合板计算校核说明书

2. 梁配筋设计

在"预制梁柱"组中选择"梁配筋设计"命令，选取梁，软件进行构件配筋设计，配筋如图 8.23 所示。在"预制梁柱"组中选择"梁附件设计"命令，进行吊钩设计。在"指标与检查"菜单中选择"单构件验算"命令，查看验算结果。

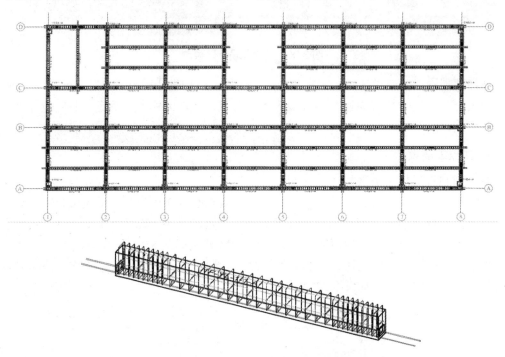

图 8.23　预制梁平面配筋及单根预制梁

3. 柱配筋设计

在"预制梁柱"组中选择"柱配筋设计"命令，选取柱，软件进行构件配筋设计，配筋如图 8.24 所示。在"预制梁柱"组中选择"柱附件设计"命令，进行吊钩设计。在"指标与检查"菜单中选择"单构件验算"命令，查看验算结果。

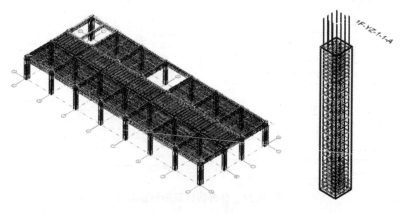

图 8.24　预制柱配筋

8.2.5　预留预埋

在"预留预埋"菜单可进行"空洞布置""埋件布置""止水节布置"等功能，"预留预埋"菜单如图 8.25 所示。

图 8.25　"预留预埋"菜单

在"预留预埋布置"组中选择"孔洞布置"命令，弹出洞口预留设置的对话框，如图 8.26 所示，进行洞口布置，洞口布置示意如图 8.27 所示。"附件布置"对话框如图 8.28 所示。

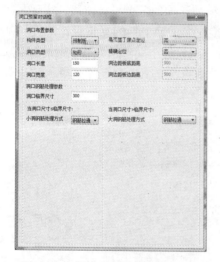

图 8.26　"洞口预留设置"对话框

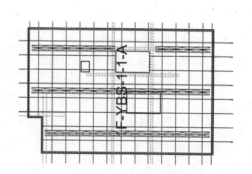

图 8.27　洞口布置示意图

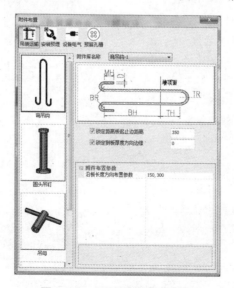

图 8.28　"附件布置"对话框

8.2.6 图纸清单

"图纸清单"菜单如图 8.29 所示。在"编号"组中选择"编号生成"命令，然后在"图纸生成"组中选择命令可生成"结构平面图""装配式平面图"及"构件详图"。下面仅展示一层部分板、梁、柱的图形，某叠合板如图 8.30 所示，某预制梁如图 8.31 所示，某预制柱如图 8.32 所示。

与施工图纸的输出类似，可通过"批量详图生成"快速获得整个项目中全部预制构件的加工详图并导出为.dwg 格式文件编辑存档，也可通过"构件清单"和"材料清单"功能快速获得整个项目中预制构件的统计结果，包括各类材料的型号和用量等。基于精细化设计的 BIM 模型，PKPM-PC 可直接准确地获取图纸和清单所需的各类信息并进行输出，在设计成果准确性的前提下大大减轻设计工作量，提高设计效率。

PKPM-PC 中的各类功能已贯通装配式混凝土框架结构的各个设计阶段，实现了"结构建模—方案设计—结构分析—构件设计—深化调整—成果输出"的完整设计流程。基于精细化的三维 BIM 模型，PKPM-PC 可有效解决传统二维设计中的算量统计、钢筋避让、机电提资、碰撞检查等方面的常见问题，在保证设计质量的前提下提高设计成果的输出效率，助力建筑产业转型升级。

图 8.29 "图纸清单"菜单

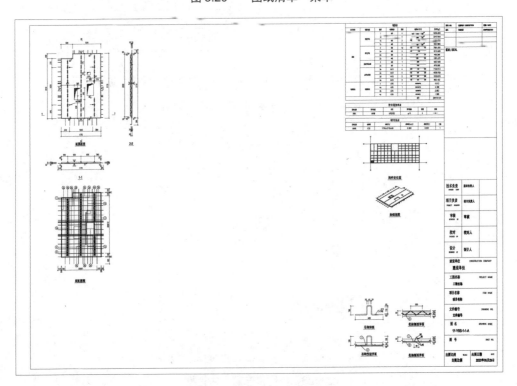

图 8.30 叠合板 1F-YBS-1-1-A

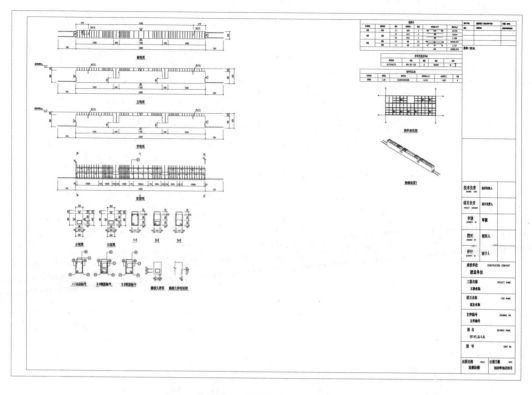

图 8.31　预制梁 1F-YL-3-1-A

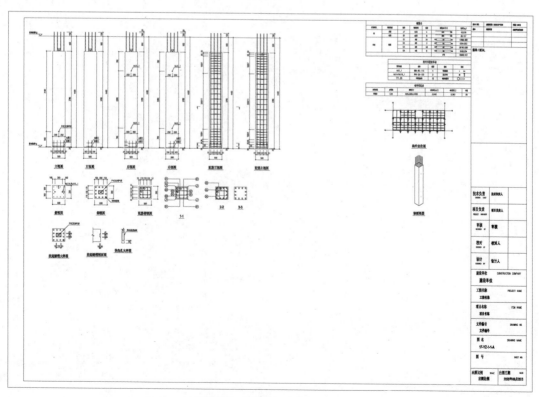

图 8.32　预制柱 1F-YZ-1-1-A

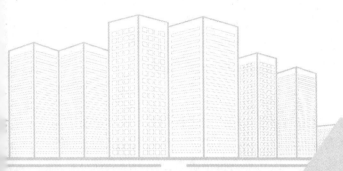

第9章 PKPM 结构设计软件常见问题解答

9.1 建模常见问题

1. 楼梯荷载如何输入？

程序自动考虑楼梯板自重，对于踏步自重、面层做法与栏杆自重等荷载需要以面荷载形式布置在楼梯间(楼梯间板厚设为 0)。

2. 模型里不布置楼梯时，楼梯间的荷载如何输入？

楼梯间板厚为 0，恒荷载输入 $6\sim8$ kN/m^2，一般输入 7 kN/m^2 即可。公共建筑和高层建筑的活荷载取值一般不小于 3.5 kN/m^2，多层住宅楼梯的活荷载可取 2.0 kN/m^2。

3. 梁水平荷载"无截面设计"。

在荷载定义对话框中，无截面设计分为两种：水平集中力、水平线荷载。布置该类型荷载后，会显示紫色箭头表示正方向，不随输入负值改变方向。

4. 面外荷载如何输入？

梁、墙面外荷载的输入，荷载类型需选择"无截面设计"，荷载形式目前只支持线荷载与集中荷载的布置(墙布置在墙顶位置)，对于以此方式输入的荷载，SATWE 在整体计算中予以考虑，但构件设计不予考虑(PMSAP 中支持墙面外面荷载的输入与设计)。

5. 使用 PKPM 组合楼盖定义功能，楼板厚度与荷载该如何输入？

PMCAD 中输入的楼板板厚为压型钢板上部纯混凝土部分的板厚，不含波谷部分，且波谷部分的混凝土自重和压型钢板自重需要人工计算后输入到板面恒荷载中。

6. 坡屋面如何建模更合理？

对于坡屋面建议按降节点的方式建模，层高为屋脊与檐口的垂直距离，檐口位置节点通过降节点的方式形成坡屋面，这样可对风荷载进行正确处理，因为风荷载挡风面的计算是以层高为依据，如果以升节点标高的方式建模，程序不会将抬高部分作为层高统计，所以会影响风荷载的计算。

7. 坡屋面封口梁建模有哪些注意事项？

坡屋面封口梁建模一般采用虚梁建模，封口梁可以将坡屋面的荷载，倒算到下一层的重合梁上；建模时注意坡屋面层和下一层的梁节点必须一一对应，即下层梁上有的节点坡屋面层一定要有，坡屋面层有的节点下层梁也要有。

8. 坡屋面荷载如何输入？

程序对于荷载的输入是以楼板的投影面为基准，所以对于恒载输入需用标准值除以坡屋面角度余弦，活载因规范给出的是投影面的值，所以不需要进行修正。

9. 一柱托双梁如何建模？

以其中一个节点为依托，布置柱子，柱中的梁如图 9.1 所示布置一高梁，在后续计算时，此梁自动识别为刚性杆。

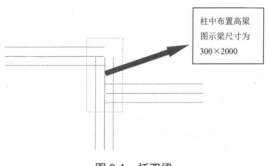

柱中布置高梁
图示梁尺寸为
300×2000

图 9.1 托双梁

10. 提示悬空柱，如何处理？

程序提示悬空柱有两种情况，一种是参数"基础相连构件最大底标高"未正确设置，没有包含所有基础相连的柱底标高，需要在"楼层组装—设计参数—总信息"进行修改；另一种是竖向构件不连续，如果是模型没有正确连接，需要修改模型，如果是梁拖柱的情况，可直接忽略此提示。

11. 层间板建模的注意事项有哪些？

目前软件对于层间板的建立需满足层面板、层间板的周围梁布置形式完全一致，层间板才能布置。需要对照层面板的梁的布置形式，采用建立虚梁的形式，将层间板处梁的布置调整成和层面板处一致，层间板就可以正常地建立进去了。

12. 混凝土标号非规范给出值，如 C32，如何建模？

对于如 C32 这类非整数混凝土标号值，可在建模时直接布置，程序按 C30 与 C35 强度插值作为相应的强度值。

13. 分塔模型将各塔同一自然层建在一个标准层中，或用工程拼装拼在同一标准层中，但各塔层高不一样，如何实现？

可在 PMCAD 中将各塔层高设为一致，转到 SATWE 分析，进行分塔后在层塔属性中将相应分塔层高设为实际值，程序按此设置值进行计算。

14. 空间斜杆删除不掉该怎么办

空间斜杆通过构件删除功能无法删除，需要在"空间斜杆布置"对话框中进行删除，如图 9.2 所示。

图 9.2　"空间斜杆布置"对话框

15. 洞口布置时有哪些注意事项？

在程序中，单片墙仅可布置一个洞口，单片墙是指两个节点之间布置的墙，如果一道长墙需要布置很多洞口，则需要人为增加节点划分墙段，另外面积小于 0.9 m^2 的洞口自动忽略不计。

16. 次梁是用主梁建立还是用次梁建立？

PKPM 中的主梁就是一般意义上的梁，而次梁的概念则接近檩条，是将楼板单向传力的过渡构件，在以前预制板为主的时代，受力还能比较符合实际，又可以简化计算，于是就有了这个功能。但是在现在现浇双向板广泛采用，并且要考虑整体刚度的场合，用这个次梁模型就存在较大的误差了。

主梁布置比次梁布置的优势主要在于：可以比较精确地计算现浇板的翼缘效应以及两端的约束刚度并影响梁的内力分配，从而使得整体模型刚度接近真实。

9.2 SATWE 的常见问题

1. SATWE 计算中出现错误提示"出现无穷大刚度"，一般原因是什么？

原因 1，由于墙体的网格划分异常，造成刚度矩阵歧义出错，可以通过结构空间简图来检查，墙体的网格划分完全混乱，计算时单元刚度无法计算出来，造成错误，一般是由于上下层墙体节点不对应导致的，计算时尽量避免混乱单元的产生，其他原因需要具体问题具体分析。

原因 2，SATWE 带楼梯参与整体计算时，因为用户把模型建立的离原点太远，软件计算出现问题，将 PMCAD 中模型移动到原点附近即可正常计算。

2. 数据检查提示读入数据时区域边界索引无效？

因为模型中剪力墙有重叠。

3. 数据检查提示结点指定约束错误？

支座问题，上下层节点不对应。

4. 数据检查提示网格线与关联刚性板不同层或结点与关联刚性楼不同层？

SATWE 内部约定，当某结点作为刚性板上一点时，该点必须与刚性板属于同一楼层。发生这种不同层的问题，大多是由于楼层连接关系混乱导致。

5. 数据检查提示结点关联构件塔号不同？

SATWE 约定每个结点、每个构件都只能且必须从属于一个塔，且塔与塔之间不能相互连接。

6. 数据检查提示柱上加有非适当的约束？

一般是梁上起柱然后节点没有下传造成的。

7. 数据检查提示梁的倾角超过 45 度？

对于梁倾斜的问题，是因为程序中对于梁墙相交节点标高不一致时，有内置的一套处理原则，具体如下：对于梁墙相交的节点，程序以墙为标准，梁顶若高于墙顶，则强制将梁端移动至墙顶高度；梁顶若低于墙顶，则保持不变，在墙中间增加节点与梁相连。

8. 数据检查提示竖向构件指定为板？

这个是程序在检查板的法向，给出的警告是板的法向计算有问题。出现的位置是模型抬高了梁端标高处，当梁标高抬高大于 500mm 时，会把板边也抬高到相应轴线位置，会形成斜板，继续判断板的法向出现问题，此时会报这个警告。这个警告不会影响后续计算。如果一定要消除，把梁抬标高取消即可。

9. SATWE 数据检查中提示梁上有非适当约束，是什么原因？

这里的非适当约束指的是梁上存在固定支座，使得梁自身无法产生任何变形，这种情况是无法对梁进行准确分析的。这种错误一般是底层存在梁托柱或者梁托墙的情况，柱底或者墙底生成了错误的支座。

10. 覆土厚度对消防车荷载的折减。

程序未自动考虑《建筑结构荷载规范》附录 D，用户需手动对覆土影响消防车荷载进行折减，以折减后的等效均布荷载作为消防车活荷载标准值。

11. SATWE 板和 SLABCAD 对比计算结果相差很大的主要原因是什么？

① 刚度不同，SATWE 可以考虑整体刚度，SLABCAD 只是单层。
② 导荷方式不同，SLABCAD 为有限元导荷，SATWE 可能是屈服曲线导荷。
③ 柱帽影响。
④ 工况不同，SLABCAD 只有恒活，读入 SATWE 有地震和风，SLABCAD 只有在板带计算时才能考虑读取的地震和风，楼板有限元无法考虑；冲切可以读取 SATWE 的所有工况进行计算。

12. 楼板厚度设置为 0 和房间开洞的区别和联系。

在勾选了刚性楼板假定的前提下，0 厚板以及开洞楼板均默认为刚性板区域。

不勾选强制刚性楼板假定时，0 板厚和楼板全开洞的唯一区别是当楼板厚度为 0 时并且楼板上布置荷载则可以实现导荷功能。如果楼板不布置荷载，那么两者没有任何区别。

13. 对于一部分设人防一部分不设人防的地下室，程序如何处理？

把不需要设置人防的房间荷载输成 0，程序自动将人防荷载为 0 的房间设为非人防构件，对于布置人防荷载的房间，程序自动考虑材料强度调整系数与最小配筋率的影响；对于多层防空地下室结构，地下室楼层中的竖向构件(如墙、柱)所承受的人防荷载，按防空地下室各层顶板等效静荷载标准值中的较大值选用，而不是各层顶板等效静荷载标准值的叠加。

14. 楼面梁活荷载折减原则。

楼面梁活荷载判断原则是根据其周围房间上指定的导荷方式计算出各房间导算至该梁上的导荷面积累加。而《建筑结构荷载规范》第 5.1.2 条注：楼面梁的从属面积应按梁两侧各延伸二分之一梁间距的范围内的实际面积确定。

对于全部以主梁围成的房间来说，主梁的从属面积没有的问题，但对于由主梁及以主梁建入的次梁围成的方向时，主梁的从属面积会比实际情况要小，旧版程序无法人工干预活荷载折减系数，新版程序都可以通过修改人工确定活荷载折减系数，单个构件修改的方式较精确的考虑活荷载折减。

15. 振型数一定要满足 3 倍楼层数的条件吗？

结构的振型数实际上是和结构的自由度有关的，如果是强制刚性板假定振型数才是 $3N$，其他情况均不会是 $3N$，我们的振型数只需要满足结构有效质量系数即可。

16. 如何对同一个主模型下的子模型采用不同的参数设置计算？

请确认一下在多模型控制信息或者生成多模型数据中的参数设置是否更新，如果选择"是"，那么生成数据时会自动删除，并将主模型信息导入。如果需要实现单独模型修改的需求，这里应该选择"否"。该项在程序的对话框中有明确说明。

17. SATWE 中刚心如何确定？

刚度中心计算基于刚性楼板假定，计算原理：从质心出发通过迭代的方式，寻找在单位力作用下楼层没有扭转的点。如果没有刚性楼板假定，则无法实现楼层扭转的定义。

18. 风荷载信息中的周期什么时候需要回填重新计算？

当工程需要考虑顺风向和横风向风振计算时需要填写正确的结构周期，此时需要回填重新计算。

19. 风荷载信息中的校核功能是否所有的工程都要查看？

《建筑结构荷载规范》中的风振算法是有很多前提条件的，如果满足该规范的前提条件才可以采用规范中的公式进行风振计算，否则需要做风洞试验，校核功能目的是给出当前工程规范要求的条件，并和规范限值相比较，计算风振时，需要查看。

20. 在验算高层建筑整体稳定性有哪些注意事项？

刚重比验算时，由于荷载形式要简化成倒三角形荷载，此时应去除局部构件以及土的影响，即影响荷载形式的因素，故应去除顶部小塔楼，楼层组装不带裙房，大底盘结构底盘部分取有效影响范围，多塔结构分别取单塔独立验算，组装时去除地下室。此时验算的刚重比才有意义。

21. 风荷载和地震荷载作用下的抗倾覆力矩不同，具体原因是什么？

两者计算的公式均为 $GB/2$；但是其中 G(重力荷载代表值)的活荷载取值系数不同，对于风荷载取值为 $DL+0.7LL$；活荷载取值为 $DL+0.5LL$。

22. 计算地震质量参与系数低于 90%，如何调整？

增加振型计算数量，调特征值分析类型选择多重里兹向量法。调整计算模型，检查结构是否有因不合理的铰接设置导致前阶振型出现了局部振动。

23. 《混凝土设计规范》要求的构件的重力二阶效应和《高层混凝土结构技术规程》要求考虑的结构的二阶效应在 PKPM 软件中怎样考虑？

首先《混凝土设计规范》6.2.3/6.2.4 条要求，软件在构件设计时，已经直接考虑，会反映到计算配筋上。对于排架柱的重力二阶效应在设计信息中勾选"按《混凝土结构设计规范》B.0.4 条考虑柱二阶效应"。

结构的二阶效应，一般叫大 P-Δ效应，程序按照直接几何刚度法考虑结构的重力二阶效应。即在建立结构平衡方程时，考虑附加等效几何刚度矩阵的结构平衡方程。目前并没有按照《高层混凝土结构技术规程》提供的增大系数法考虑的。

24. PKPM 对主次梁的判断原则是什么？

首先对于主梁和次梁的判断，程序是搜索连续梁段的两个端部，如果有竖向构件(不管是一端有竖向构件还是两端都有竖向构件)，则认为是主梁。对于梁段两端都没有竖向构件的情况，程序才会认为是次梁。

其次是对于调幅梁的判断，程序默认对主梁做调幅，次梁不做调幅。但是程序默认对两端都有竖向构件的主梁做调幅，对只有一端有竖向构件的主梁不进行调幅。

25. 柱按双偏压配筋计算结果偏大。

程序按双向偏心受力构件计算配筋，在计算 X 方向配筋时要考虑与 Y 向钢筋叠加，框架柱作为竖向构件配筋计算时多达几十种组合，计算结果不具有唯一性，SATWE 每次计算时，配筋结果都有可能不一样，即双偏压计算是多解的。对于双偏压计算结果应进行认真复核，这种计算方有可能出现不合理的计算结果，如发现错误应予以调整。

9.3　混凝土施工图的常见问题

1. 楼板挠度是如何计算的，为什么有些板没有计算挠度？

在《混凝土结构设计规范》中，没有具体的板挠度计算公式，程序的挠度计算分两种情况。第一种情况是，当板块为单向板时，程序采用与梁挠度计算完全相同的公式计算板的挠度。另一种情况是，当板为双向板时采用《建筑结构静力计算实用手册》中提供的板挠度系数，但将公式中的板刚度替换为板带的刚度，板带刚度的计算参考采用与梁完全相同的计算过程计算板带的长度。

当板块为双向板时，使用按荷载效应准永久组合并考虑荷载长期作用影响的刚度 B 代替《建筑结构静力计算实用手册》》中的 B_c。弯矩值分别是相应于荷载效应的标准组合和准永久组合计算的，准永久荷载值系数程序取 0.5。程序在计算板长期刚度 B_c 时，近似地取 X 向和 Y 向跨中一米板带进行计算，同时也考虑了楼板对边的不同边界条件，参考梁的长期刚度计算公式，最终取两个方向(X 向、Y 向)长期刚度值较小者作为板的长期刚度 B_c。挠度系数根据板板的边界条件和板的长宽比查《建筑结构静力计算实用手册》中相应表格求得。刚度 B 按《混凝土结构设计规范》相关规定求得。对于以下几种情况，程序暂时不能计算其长期刚度下的挠度：非矩形板；矩形板，但某边界上的边界条件不唯一；选用塑性算法；有人防荷载的板。

2. 在 PMCAD 中勾选楼板自重，后进入 SLABCAD 参数设置那里也勾选楼板自重，这样会重复考虑板自重吗？

在 SLABCAD 中，如果需要让程序自动计算楼板自重，必须在 SLAB 参数中勾选楼板自重，PMCAD 中是否勾选楼板自重对于 SLAB 计算楼板自重没有影响，不会重复考虑。

3. 楼板施工图中为什么塑性算法比弹性算法算出的配筋小？

从理论方面：弹性理论的出发点是认为构件任意截面的弯矩达到其极限值时，整个结构即到达破坏状态，因此每个计算截面都是要根据活荷载的最不利布置，按照内力包络图来配置钢筋。但是实际上各种活荷载的不利布置不是同时出现的，所以各截面的配筋不能同时发挥作用。而塑性结构的计算方法则是以结构某一部分或结构的整体达到几何可变体系作为完全发挥承载能力的依据，从而合理评估结构的承载能力、评价结构的可靠度。因此，塑性计算的方法从概念上就要比弹性设计节约材料。

从实际弯矩方面：相同荷载、相同的边界条件，根据《建筑结构静力计算实用手册》

中查得弯矩系数。可以看出，无论是跨中还是支座，塑性理论的弯矩系数均小于弹性理论下的弯矩系数。这是双向板塑性理论(极限平衡法)与单向板的塑性理论(弯矩条幅法)的不同之处，后者是将支座负弯矩减小将跨中弯矩增大，而双向板的塑性理论与弹性理论之间这种增减关系。

4. 布置人防荷载时，板最小配筋率如何确定？

布置人防荷载时，板的最小配筋率按《人民防空地下室设计规范》4.11.7 条执行，当采用 HPB235 级别钢筋时，根据《混凝土结构设计规范》表 8.5.1 取 0.25 与 45fy/ft 较大值。

5. 混凝土结构施工图中，板的裂缝远小于 0.3，但依然是红色，是什么原因？

在模型结果中可见，出现描述问题的位置均是实配钢筋为Φ32@100 的地方。这些位置实际上是因为钢筋级配表里面给出的直径和间距无法满足计算的要求，比如有些位置的计算面积需要 3000，但是级配表里面最大的配筋面积是 2544，这种情况程序是用Φ32@100 这样的超限值来表示实配值的。由于裂缝计算是需要钢筋的实配的，所以这些位置在计算裂缝时也是采用Φ32@100 这个超限值，即使裂缝是满足限值的，但是仍然会显红。在钢筋级配表里面加入了Φ20@90 的级配，保证实配面积能满足计算面积，这样再看裂缝就没有问题了。

6. 双向板两个方向的有效高度是怎么取值的？是一样还是按两个方向的各自的有效高度取？

程序在计算的时候，会考虑钢筋的排布方式。考虑到短跨方向的 M 比长跨的 M 更大，所以会将短跨的跨中钢筋放在长跨的外侧，所以两个方向的有效高度 h_0 是不一样的。默认短跨方向的钢筋放在长跨方向外侧，所以短跨方向 h_0=板厚-(保护层+d/2)；长跨方向 h_0=板厚-(保护层+d/2)-d。d 程序默认取 10。如果是 X 和 Y 的跨度完全一致，程序认为 X 向的钢筋放在 Y 向的外侧。

7. 梁施工图中箍筋 3 肢可以满足，为何结果显示为 4 肢？

考虑到 3 肢箍会出现不利于受力的单肢拉筋，程序默认采用 4 肢箍。对于宽度 400mm 以上的梁，程序一定采用 4 肢以上的箍筋；如果梁宽不大于 400mm，但单排纵筋根数少于 4 根，程序也会采用 4 肢箍。

在施工图程序中，提供参数由用户选择是否可以配置单数肢箍筋。

8. 在梁的配筋结果中，受扭纵筋应该与梁的上下部钢筋相加来确定总的上部和下部纵筋吗？

受扭纵筋程序会给出一个 Astt 的面积，在配置的时候，会先按腰筋的构造要求配置。如果 Astt 小于腰筋的构造要求，就按此构造配置。但是如果 Astt 大于该构造值，那么多出的部分，会均分到顶部和底部纵筋上。

V4.2 版本的梁施工图混凝土施工图的设计参数中，增加了"抗扭腰筋全部计算到上下筋(保证腰筋不出筋)"的选项，可以控制抗扭纵筋要不要扣除腰筋。如果选"是"，那么不扣除腰筋面积，抗扭纵筋面积直接均摊到上筋和下筋面积中；如果选"否"，执行方式前叙一致。

9. 为什么柱施工图中有的柱子会出现实际配筋率比计算配筋率还要小的情况？

可能因为角筋的直径不一致，比如 SATWE 的计算结果中柱角筋计算值为 201(16)。而施工图中实配的角筋直径是 25。因为配筋率是用全截面配筋计算，所以施工图中的实配钢筋配筋率比计算值要小。另外，施工图程序中的配筋比例是实配的全截面面积/计算的全截面面积。所以由于角筋直径的区别，可能会出现配筋比例小于 1 的情况。

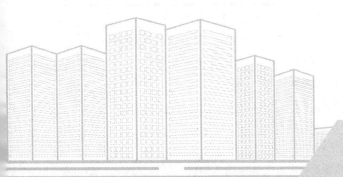

附录 A 混凝土框架结构计算书

本工程六层钢筋混凝土框架结构计算完成后，整理了一份结构计算书。这份计算书可供设计、校对、审核使用，也可供施工图审查使用，最后归档存查。这里仅把计算信息、各标准层构件断面、各标准层荷载平面、各标准层配筋平面、底层柱、墙最大组合内力图等组合整理成一份简单的计算书，仅供参考(不必照搬套用)，如表 A.1 所示。

表 A.1　资料目录

序号	图号	图纸名称
1		结构设计信息　WMASS.OUT(见 A.1 节)
2		周期　振型　地震力　WZQ.OUT(见 A.2 节)
3		结构位移　WDISP.OUT(见 A.3 节)
4		第 1 层平面简图(见图 A.1)
5		第 2~5 层平面简图(见图 A.2)
6		第 6 层平面简图(见图 A.3)
7		第 1 层梁、墙柱节点输入及楼面荷载平面图(见图 A.4)
8		第 2~5 层梁、墙柱节点输入及楼面荷载平面图(见图 A.5)
9		第 6 层梁、墙柱节点输入及楼面荷载平面图(见图 A.6)
10		第 1 层混凝土构件配筋及钢构件应力比简图(见图 A.7)

序号	图号	图纸名称
11		第2～5层混凝土构件配筋及钢构件应力比简图(见图 A.8)
12		第6层混凝土构件配筋及钢构件应力比简图(见图 A.9)
13		第1层现浇板面积图(见图 A.10)
14		第2～5层现浇板面积图(见图 A.11)
15		第6层现浇板面积图(见图 A.12)
16		第1层柱墙截面控制内力简图(见图 A.13)
17		第2～5层柱墙截面控制内力简图(见图 A.14)
18		第6层柱墙截面控制内力简图(见图 A.15)
19		底层柱、墙内力：最小轴压组合(基本组合) (见图 A.16)
20		底层柱、墙内力：最大轴压组合(基本组合) (见图 A.17)
21		底层柱、墙内力：恒荷、活荷组合(标准组合) (见图 A.18)

A.1 结构设计信息文件 WMASS.OUT

结构设计信息文件 WMASS.OUT 的内容

```
/////////////////////////////////////////////////////////////////
| 公司名称：                                                      |
|                                                                 |
|                    建筑结构的总信息                             |
|                  SATWE2010_V5.2.3 中文版                        |
|                  (2021 年 2 月 3 日 9 时 30 分)                 |
|                    文件名：WMASS.OUT                            |
|                                                                 |
| 工程名称 :            设计人 :          计算日期:2021/08/16      |
| 工程代号 :            校核人 :          计算时间:20:35:01        |
/////////////////////////////////////////////////////////////////
    总信息 .........................................................
```

结构材料信息：   钢混凝土结构

   混凝土容重（kN/m³）： G_c=26.00

   钢材容重（kN/m³）： G_s=78.00

   是否扣除构件重叠质量和重量：   否

   是否自动计算现浇楼板自重：   是

   水平力的夹角(Degree)：   ARF=0.00

   地下室层数：   MBASE=0

   竖向荷载计算信息：   按模拟施工 3 加荷计算

   风荷载计算信息：   计算 X,Y 两个方向的风荷载

   地震力计算信息：   计算 X,Y 两个方向的地震力

"规定水平力"计算方法: 楼层剪力差方法(规范方法)

结构类别: 框架结构

裙房层数: MANNEX = 0

转换层所在层号: MCHANGE= 0

嵌固端所在层号: MQIANGU= 1

墙元细分最大控制长度(m): DMAX = 1.00

弹性板细分最大控制长度(m): DMAX_S = 1.00

是否对全楼强制采用刚性楼板假定: 否

墙梁跨中节点作为刚性楼板的从节点: 是

墙倾覆力矩的计算方法: 考虑墙的所有内力贡献

墙偏心的处理方式: 传统移动节点方式

高位转换结构等效侧向刚度比采用《高层建筑混凝土结构技术规程》附录 E: 否

是否梁板顶面对齐: 否

是否带楼梯计算: 是

楼梯计算模型: 壳元

框架连梁按壳元计算控制跨高比: 0.00

墙梁转框架梁的控制跨高比: 0.00

结构所在地区: 全国

楼板按有限元方式进行面外设计 否

多模型及包络...

采用指定的刚重比计算模型: 否

风荷载信息 ....

修正后的基本风压 (kN/m^2): WO=0.40

风荷载作用下舒适度验算风压(kN/m^2): WOC=0.40

地面粗糙程度: B 类

结构 X 向基本周期(秒): T_x=0.48

结构 Y 向基本周期(秒): T_y=0.48

是否考虑顺风向风振: 是

风荷载作用下结构的阻尼比(%): WDAMP=5.00

风荷载作用下舒适度验算阻尼比(%): WDAMPC=2.00

是否计算横风向风振: 否

是否计算扭转风振: 否

承载力设计时风荷载效应放大系数: WENL=1.00

体型变化分段数: MPART=1

各段最高层号: NSTI=6

各段体型系数(X): USIX=1.30

各段体型系数(Y): USIY=1.30

设缝多塔背风面体型系数: USB=0.50

地震信息 ....

结构规则性信息: 不规则

振型组合方法(CQC 耦联；CCQC 耦联)：　　　　CQC

特征值分析方法：　　　　　　　　　　　　子空间迭代法

是否由程序自动确定振型数：　　　　　　　否

计算振型数：　　　　　　　　　　　　　　NMODE=15

地震烈度：　　　　　　　　　　　　　　　NAF=7.00

场地类别：　　　　　　　　　　　　　　　KD=III

设计地震分组：　　　　　　　　　　　　　一组

特征周期：　　　　　　　　　　　　　　　TG=0.45

地震影响系数最大值：　　　　　　　　　　Rmax1=0.080

用于 12 层以下规则混凝土框架结构薄弱层验算的

地震影响系数最大值：　　　　　　　　　　Rmax2=0.500

框架的抗震等级：　　　　　　　　　　　　NF=3

剪力墙的抗震等级：　　　　　　　　　　　NW=3

钢框架的抗震等级：　　　　　　　　　　　NS=3

抗震构造措施的抗震等级：　　　　　　　　NGZDJ=不改变

悬挑梁默认取框架梁抗震等级：　　　　　　否

按《建筑抗震设计规范》(6.1.3-3)降低嵌固端以下抗震构造

措施的抗震等级：　　　　　　　　　　　　否

周期折减系数：　　　　　　　　　　　　　TC=0.80

结构的阻尼比 (%)：　　　　　　　　　　　DAMP=5.00

是否考虑偶然偏心：　　　　　　　　　　　是

偶然偏心考虑方式：　　　　　　　　　　　相对于投影长度

X 向相对偶然偏心：　　　　　　　　　　　ECCEN_X=0.05

Y 向相对偶然偏心：　　　　　　　　　　　ECCEN_Y=0.05

是否考虑双向地震扭转效应：　　　　　　　否

是否考虑最不利方向水平地震作用：　　　　否

按主振型确定地震内力符号：　　　　　　　否

斜交抗侧力构件方向的附加地震数：　　　　NADDDIR=0

工业设备的反应谱方法底部剪力占规范简化

方法底部剪力的最小比例：　　　　　　　　SeisCoef=1.00

活荷载信息 ....

考虑活荷不利布置的层数：　　　　　　　　从第 1 到6层

考虑结构使用年限的活荷载调整系数：　　　FACLD=1.00

考虑楼面活荷载折减方式：　　　　　　　　传统方式

柱、墙活荷载是否折减：　　　　　　　　　不折减

传到基础的活荷载是否折减：　　　　　　　折减

柱、墙、基础活荷载折减系数：

计算截面以上的层数	折减系数
1	1.00
2～3	0.85
4～5	0.70
6～8	0.65

9～20	0.60
> 20	0.55

梁楼面活荷载折减设置：　　　　　　　　　不折减

墙、柱设计时消防车荷载是否考虑折减：　　是

　　柱、墙设计时消防车荷载折减系数：　　1.00

梁设计时消防车荷载是否考虑折减：　　　　是

二阶效应 ···

结构内力分析方法：　　　　　　　　　　　一阶弹性设计方法

考虑 P-DELTA 效应方法：　　　　　　　　 不考虑

柱计算长度系数是否置为 1：　　　　　　　否

是否考虑结构整体缺陷：　　　　　　　　　否

是否考虑结构构件缺陷：　　　　　　　　　否

调整信息 ···

楼板作为翼缘对梁刚度的影响方式：　　　　梁刚度放大系数按 2010 规范取值

托墙梁刚度放大系数：　　　　　　　　　　BK_TQL=1.00

梁端负弯矩调幅系数：　　　　　　　　　　BT=0.85

梁端弯矩调幅方法：　　　　　　　　　　　通过竖向构件判断调幅梁支座

梁活荷载内力放大系数：　　　　　　　　　BM=1.00

梁扭矩折减系数：　　　　　　　　　　　　TB=0.40

支撑按柱设计临界角度(Deg)：　　　　　　ABr2Col=20.00

地震工况连梁刚度折减系数：　　　　　　　BLZ=0.60

风荷载工况连梁刚度折减系数：　　　　　　BLZW=1.00

采用 SAUSAGE-CHK 计算的连梁刚度折减系数：否

地震位移计算不考虑连梁刚度折减：　　　　否

柱实配钢筋超配系数：　　　　　　　　　　CPCOEF91=1.15

墙实配钢筋超配系数：　　　　　　　　　　CPCOEF91_W=1.15

全楼地震力放大系数：　　　　　　　　　　RSF=1.00

$0.2V_o$ 调整方式：　　　　　　　　　　　alpha*V_o 和 beta*V_{max} 两者取小

$0.2V_o$ 调整中 V_o 的系数：　　　　　　 alpha=0.20

$0.2V_o$ 调整中 V_{max} 的系数：　　　　 beta=1.50

$0.2V_o$ 调整分段数：　　　　　　　　　　VSEG=0

$0.2V_o$ 调整上限：　　　　　　　　　　　KQ_L=2.00

是否调整与框支柱相连的梁内力：　　　　　否

框支柱调整上限：　　　　　　　　　　　　KZZ_L=5.00

框支剪力墙结构底部加强区剪力墙抗震等级

自动提高一级：　　　　　　　　　　　　　是

是否按《建筑抗震设计规范》5.2.5 条调整楼层地震力：是

是否扭转效应明显：　　　　　　　　　　　否

是否采用自定义楼层最小剪力系数：　　　　否

弱轴方向的动位移比例因子：　　　　　　　XI1=0.00

强轴方向的动位移比例因子：　　　　　　　XI2=0.00

薄弱层判断方式： 按《高层建筑混凝土结构技术规程》和抗规从严判断

受剪承载力薄弱层是否自动调整： 否

判断薄弱层所采用的楼层刚度算法： 地震剪力比地震层间位移算法

强制指定的薄弱层个数： NWEAK=0

薄弱层地震内力放大系数： WEAKCOEF=1.25

强制指定的加强层个数： NSTREN=0

钢管束墙混凝土刚度折减系数： GGSH_CONC=1.00

转换结构构件(三、四级)的水平地震作用

效应放大系数： 1.00

设计信息 ....

结构重要性系数： RWO=1.00

钢柱计算长度计算原则(X向/Y向)： 有侧移/有侧移

梁端在梁柱重叠部分简化： 不作为刚域

柱端在梁柱重叠部分简化： 不作为刚域

是否考虑钢梁刚域： 否

柱长细比执行《高层民用建筑钢结构技术规范》(JGJ 99—2015)第7.3.9条： 否

柱配筋计算原则： 按单偏压计算

柱双偏压配筋方式： 普通方式

钢构件截面净毛面积比： RN=0.85

梁按压弯计算的最小轴压比： UcMinB=0.15

梁保护层厚度(mm)： BCB=20.00

柱保护层厚度(mm)： ACA=20.00

剪力墙构造边缘构件的设计执行《高层建筑混凝土结构技术规程》7.2.16-4： 是

框架梁端配筋考虑受压钢筋： 是

结构中的框架部分轴压比限值按纯框架结构

的规定采用： 否

当边缘构件轴压比小于抗规6.4.5条规定的

限值时一律设置构造边缘构件： 是

是否按混凝土规范B.0.4考虑柱二阶效应： 否

执行《高层建筑混凝土结构技术规程》5.2.3-4条主梁弯矩按整跨计算： 否

执行《高层建筑混凝土结构技术规程》5.2.3-4条的梁对象： 主次梁均执行

柱剪跨比计算原则： 简化方式

过渡层个数 0

墙柱配筋采用考虑翼缘共同工作的设计方法： 否

执行《高层建筑混凝土结构技术规程》第9.2.6.1条有关规定： 否

执行《高层建筑混凝土结构技术规程》第11.3.7条有关规定： 否

圆钢管混凝土构件设计执行规范： 《高层建筑混凝土结构技术规程》(JGJ—2010)

方钢管混凝土构件设计执行规范： 组合结构设计规范(JGJ 138—2016)

型钢混凝土构件设计执行规范： 组合结构设计规范(JGJ 138—2016)

异形柱设计执行规范： 混凝土异形柱结构技术规程(JGJ 149—2017)

钢结构设计执行规范： 钢结构设计标准(GB50017—2017)

是否执行建筑结构可靠度设计统一标准： 是

是否执行建筑与市政工程抗震通用规范：　　　否

是否执行建筑钢结构防火技术规范：　　　　　否

材料信息 ....

梁主筋强度 (N/mm^2)：	IB=360
梁箍筋强度 (N/mm^2)：	JB=360
柱主筋强度 (N/mm^2)：	IC=360
柱箍筋强度 (N/mm^2)：	JC=360
墙主筋强度 (N/mm^2)：	IW=360
墙水平分布筋强度 (N/mm^2)：	FYH=270
墙竖向分布筋强度 (N/mm^2)：	FYW=270
边缘构件箍筋强度 (N/mm^2)：	JWB=270
梁箍筋最大间距 (mm)：	SB=100.00
柱箍筋最大间距 (mm)：	SC=100.00
墙水平分布筋最大间距 (mm)：	SWH=200.00
墙竖向分布筋配筋率 (%)：	RWV=0.30
墙最小水平分布筋配筋率 (%)：	RWHMIN=0.00

梁抗剪配筋采用交叉斜筋时，箍筋与对角斜
筋的配筋强度比：　　　　　　　　　　　　RGX=1.00

荷载组合信息 ....

是否计算水平地震：	是
是否计算竖向地震：	否
是否计算普通风：	是
是否计算特殊风：	否
是否计算温度荷载：	否
是否计算吊车荷载：	否
地震与风同时组合：	否
屋面活荷载是否与雪荷载和风荷载同时组合：是	
自动添加自定义工况组合：	是
自定义工况组合方式	叠加
恒载分项系数：	CDEAD=1.30
活载分项系数：	CLIVE=1.50
风荷载分项系数：	CWIND=1.50
水平地震力分项系数：	CEA_H=1.30
活荷载的组合值系数：	CD_L=0.70
风荷载的组合值系数：	CD_W=0.60
重力荷载代表值效应的活荷组合值系数：	CEA_L=0.50

地下信息 ....

室外地面相对于结构底层底部的高度(m)：Hsoil=0.00

土的 X 向水平抗力系数的比例系数(MN/m^4)：MX=3.00

土的 Y 向水平抗力系数的比例系数(MN/m^4)：MY=3.00

地面处回填土 x 向刚度折减系数：　　　　　RKX=0.00

地面处回填上 Y 向刚度折减系数：　　　　　RKY=0.00

性能设计信息 ....

按照全国《高层建筑混凝土结构技术规程》进行性能设计：　　　否

高级参数 ....

计算软件信息：　　　　　　　　　　　64 位

线性方程组解法：　　　　　　　　　　PARDISO

地震作用分析方法：　　　　　　　　　总刚分析方法

位移输出方式：　　　　　　　　　　　简单输出

是否生成传基础刚度：　　　　　　　　否

保留分析模型上自定义的风荷载：　　　否

采用自定义范围统计指标：　　　　　　否

位移指标统计时考虑斜柱：　　　　　　否

采用自定义位移指标统计节点范围：　　否

按框架梁建模的连梁混凝土等级默认同墙：　　否

二道防线调整时，调整与框架柱相连的

框架梁端弯矩、剪力：　　　　　　　　是

薄弱层地震内力调整时不放大构件轴力：　否

剪切刚度计算时考虑柱刚域影响：　　　否

短肢墙判断时考虑相连墙肢厚度影响：　否

刚重比验算考虑填充墙刚度影响：　　　否

剪力墙端柱的面外剪力统计到框架部分：　否

按构件内力累加方式计算层指标：　　　否

剪力墙底部加强区的层和塔信息..

层号　　　塔号

　1　　　　1

用户指定薄弱层的层和塔信息..

层号　　　塔号

用户指定加强层的层和塔信息..

层号　　　塔号

约束边缘构件与过渡层的层和塔信息......................................

层号	塔号	类别
1	1	约束边缘构件层
2	1	约束边缘构件层

```
*************************************************************
*               各层的质量、质心坐标信息               *
*************************************************************
```

层号	塔号	质心 X (m)	质心 Y (m)	质心 Z (m)	恒载质量 (t)	活载质量 (t)	附加质量	质量比
6	1	21.000	7.984	20.900	690.4	16.7	0.0	0.84
5	1	20.902	8.115	17.600	770.0	74.5	0.0	1.00
4	1	20.902	8.140	14.300	773.7	74.5	0.0	1.00
3	1	20.902	8.140	11.000	773.7	74.5	0.0	1.00
2	1	20.902	8.140	7.700	773.7	74.5	0.0	0.97
1	1	20.905	8.168	4.400	803.0	74.5	0.0	1.00

活载产生的总质量(t)： 388.990

恒载产生的总质量(t)： 4584.530

附加总质量(t)： 0.000

结构的总质量(t)： 4973.521

恒载产生的总质量包括结构自重和外加恒载

结构的总质量包括恒载产生的质量和活载产生的质量和附加质量

活载产生的总质量和结构的总质量是活载折减后的结果 (1t = 1000kg)

```
*************************************************************
*           各层构件数量、构件材料和层高           *
*************************************************************
```

层号(标准层号)	塔号	梁元数 (混凝土/主筋/箍筋)	柱元数 (混凝土/主筋/箍筋)	墙元数 (混凝土/主筋/水平筋/竖向筋)	层高 (m)	累计高度 (m)
1 (1)	1	261(30/ 360/ 360)	40(30/ 360/ 360)	0(30/ 360/ 270/ 270)	4.400	4.400
2 (2)	1	219(30/ 360/ 360)	36(30/ 360/ 360)	0(30/ 360/ 270/ 270)	3.300	7.700
3 (2)	1	219(30/ 360/ 360)	36(30/ 360/ 360)	0(30/ 360/ 270/ 270)	3.300	11.000
4 (2)	1	219(30/ 360/ 360)	36(30/ 360/ 360)	0(30/ 360/ 270/ 270)	3.300	14.300
5 (2)	1	191(30/ 360/ 360)	36(30/ 360/ 360)	0(30/ 360/ 270/ 270)	3.300	17.600
6 (3)	1	52(30/ 360/ 360)	32(30/ 360/ 360)	0(30/ 360/ 270/ 270)	3.300	20.900

```
*************************************************************
*                    风荷载信息                    *
*************************************************************
```

层号	塔号	风荷载 X	剪力 X	倾覆弯矩 X	风荷载 Y	剪力 Y	倾覆弯矩 Y
6	1	55.94	55.9	184.6	144.42	144.4	476.6

5	1	50.91	106.9	537.2	130.92	275.3	1385.2
4	1	45.63	152.5	1040.4	117.62	393.0	2682.0
3	1	40.21	192.7	1676.3	103.90	496.9	4321.7
2	1	36.36	229.0	2432.1	94.34	591.2	6272.7
1	1	44.23	273.3	3634.5	115.40	706.6	9381.7

```
=======================================================================
       各楼层偶然偏心信息
=======================================================================
```

层号	塔号	X 向偏心	Y 向偏心
1	1	0.050	0.050
2	1	0.050	0.050
3	1	0.050	0.050
4	1	0.050	0.050
5	1	0.050	0.050
6	1	0.050	0.050

```
=======================================================================
       各楼层等效尺寸(单位: m, m**2)
=======================================================================
```

层号	塔号	面积	形心 X	形心 Y	等效宽 B	等效高 H	最大宽 Bmax	最小宽 Bmin
1	1	631.80	21.00	7.67	43.16	15.73	43.16	15.73
2	1	631.80	21.00	7.67	43.16	15.73	43.16	15.73
3	1	631.80	21.00	7.67	43.16	15.73	43.16	15.73
4	1	631.80	21.00	7.67	43.16	15.73	43.16	15.73
5	1	631.80	21.00	7.67	43.16	15.73	43.16	15.73
6	1	667.80	21.00	7.95	42.00	15.90	42.00	15.90

```
**************************************************************
*              各层的柱、墙面积信息                    *
**************************************************************
```

层号	塔号	楼层面积	柱面积(比例)	墙面积(比例)	X 向墙面积(比例)	Y 向墙面积(比例)
1	1	631.80	8.96(1.42%)	0.00(0.00%)	0.00(0.00%)	0.00(0.00%)
2	1	631.80	8.78(1.39%)	0.00(0.00%)	0.00(0.00%)	0.00(0.00%)
3	1	631.80	8.78(1.39%)	0.00(0.00%)	0.00(0.00%)	0.00(0.00%)
4	1	631.80	8.78(1.39%)	0.00(0.00%)	0.00(0.00%)	0.00(0.00%)
5	1	631.80	8.78(1.39%)	0.00(0.00%)	0.00(0.00%)	0.00(0.00%)
6	1	667.80	8.60(1.29%)	0.00(0.00%)	0.00(0.00%)	0.00(0.00%)

===
　　　各楼层的单位面积质量分布(单位: kg/m**2)
===

层号	塔号	单位面积质量 g[i]	质量比 max(g[i]/g[i-1], g[i]/g[i+1])
1	1	1388.85	1.03
2	1	1342.45	1.00
3	1	1342.45	1.00
4	1	1342.45	1.00
5	1	1336.65	1.26
6	1	1058.81	1.00

===
　　　　　　　　计算信息
===

　　工程文件名: KJ

　　计算日期: 2021.8.16
　　开始时间: 20:35: 1

　　机器内存: 3991.0MB
　　可用内存: 435.0MB

　　结构总出口自由度为: 5916
　　结构总自由度为: 10341

第一步: 数据预处理
第二步: 计算结构质量、刚度、刚心等信息
第三步: 结构整体有限元分析
　　*结构有限元分析: 一般工况
第四步: 计算构件内力
　　结束日期: 2021. 8.16
　　结束时间: 20:35:15
　　总用时: 0: 0:14

===
　　　各层刚心、偏心率、相邻层侧移刚度比等计算信息
Floor No: 层号
Tower No: 塔号
Xstif, Ystif: 刚心的 X, Y 坐标值
Alf: 层刚性主轴的方向
Xmass, Ymass : 质心的 X, Y 坐标值
Gmass: 总质量

Eex，Eey：X，Y 方向的偏心率

Ratx，Raty：X，Y 方向本层塔侧移刚度与下一层相应塔侧移刚度的比值 (剪切刚度)

Ratx1，Raty1：X，Y 方向本层塔侧移刚度与上一层相应塔侧移刚度70%的比值

或上三层平均侧移刚度80%的比值中之较小者（《抗规》刚度比）

Ratx2，Raty2：X，Y 方向的刚度比，对于非广东地区分框架结构和非框架结构，

框架结构刚度比与《抗规》类似，非框架结构为考虑层高修正的刚度比；

对于广东地区为考虑层高修正的刚度比（《高层建筑混凝土结构技术规程》刚度比）

RJX1，RJY1，RJZ1：结构总体坐标系中塔的侧移刚度和扭转刚度 (剪切刚度)

RJX3，RJY3，RJZ3：结构总体坐标系中塔的侧移刚度和扭转刚度 (地震剪力与地震层间位移的比)

==

Floor No.   1   Tower No.   1

Xstif=21.0000(m)   Ystif=7.9500(m)   Alf=0.0000(Degree)

Xmass=20.9053(m)   Ymass=8.1676(m)   Gmass(活荷折减)=

951.9304(877.4753)(t)

Eex=0.0050   Eey=0.0130

Ratx=1.0000   Raty=1.0000

Ratx1=0.9019   Raty1=1.0153

Ratx2=0.9019   Raty2=1.0153   薄弱层地震剪力放大系数= 1.25

RJX1=7.5718E+05(kN/m) RJY1 = 9.7694E+05(kN/m) RJZ1 = 0.0000E+00(kN/m)

RJX3=5.7550E+05(kN/m) RJY3 = 6.0371E+05(kN/m) RJZ3 = 0.0000E+00(kN/m)

RJX3*H = 2.5322E+06(kN)   RJY3*H = 2.6563E+06(kN)   RJZ3*H = 0.0000E+00(kN)

Floor No.   2   Tower No.   1

Xstif=21.0000(m)   Ystif=7.9500(m)   Alf=0.0000(Degree)

Xmass=20.9023(m)   Ymass=8.1395(m)   Gmass(活荷折减)=

922.6147(848.1597)(t)

Eex=0.0052   Eey=0.0113

Ratx=2.3704   Raty=2.3704

Ratx1=1.2333   Raty1=1.2752

Ratx2=1.2333   Raty2=1.2752   薄弱层地震剪力放大系数=1.00

RJX1=1.7948E+06(kN/m) RJY1=2.3157E+06(kN/m)   RJZ1=0.0000E+00(kN/m)

RJX3=7.8776E+05(kN/m) RJY3=7.4282E+05(kN/m)   RJZ3=0.0000E+00(kN/m)

RJX3*H = 2.5996E+06(kN)   RJY3*H=2.4513E+06(kN)   RJZ3*H=0.0000E+00(kN)

Floor No.   3   Tower No.   1

Xstif=21.0000(m)   Ystif=7.9500(m)   Alf=0.0000(Degree)

Xmass=20.9023(m)   Ymass=8.1395(m)   Gmass(活荷折减)=

922.6147(848.1597)(t)

Eex=0.0052   Eey=0.0113

Ratx =1.0000   Raty=1.0000

Ratx1=1.3172   Raty1=1.4201

Ratx2=1.3172   Raty2=1.4201   薄弱层地震剪力放大系数= 1.00

RJX1 = 1.7948E+06(kN/m)   RJY1 = 2.3157E+06(kN/m)   RJZ1 = 0.0000E+00(kN/m)

```
RJX3 = 8.0376E+05(kN/m)   RJY3 = 7.5178E+05(kN/m)   RJZ3 = 0.0000E+00(kN/m)
RJX3*H = 2.6524E+06(kN)    RJY3*H = 2.4809E+06(kN)    RJZ3*H = 0.0000E+00(kN)
------------------------------------------------------------------------
Floor No.   4    Tower No.   1
Xstif=21.0000(m)     Ystif=7.9500(m)     Alf=0.0000(Degree)
Xmass=20.9023(m)   Ymass=8.1395(m)   Gmass(活荷折减)=922.6147(848.1597)(t)
Eex=0.0052        Eey=0.0113
Ratx=1.0000        Raty =1.0000
Ratx1=1.4490        Raty1=1.5057
Ratx2=1.4490        Raty2=1.5057   薄弱层地震剪力放大系数= 1.00
RJX1 = 1.7948E+06(kN/m)   RJY1 = 2.3157E+06(kN/m)   RJZ1 = 0.0000E+00(kN/m)
RJX3 = 8.0142E+05(kN/m)   RJY3 = 7.3512E+05(kN/m)   RJZ3 = 0.0000E+00(kN/m)
RJX3*H = 2.6447E+06(kN)    RJY3*H = 2.4259E+06(kN)    RJZ3*H = 0.0000E+00(kN)
------------------------------------------------------------------------
Floor No.   5    Tower No.   1
Xstif=21.0000(m)     Ystif=7.9500(m)     Alf=0.0000(Degree)
Xmass=20.9019(m)     Ymass=8.1148(m)     Gmass(活荷折减)=
918.9681(844.4932)(t)
Eex=0.0053        Eey=0.0099
Ratx =1.0000        Raty =1.0000
Ratx1=1.6200        Raty1=1.8028
Ratx2=1.6200        Raty2=1.8028   薄弱层地震剪力放大系数= 1.00
RJX1 = 1.7948E+06(kN/m)   RJY1 = 2.3157E+06(kN/m)   RJZ1 = 0.0000E+00(kN/m)
RJX3 = 7.9014E+05(kN/m)   RJY3 = 6.9746E+05(kN/m)   RJZ3 = 0.0000E+00(kN/m)
RJX3*H = 2.6075E+06(kN)    RJY3*H = 2.3016E+06(kN)    RJZ3*H = 0.0000E+00(kN)
------------------------------------------------------------------------
Floor No.   6    Tower No.   1
Xstif=21.0000(m)   Ystif=7.9500(m)   Alf=0.0000(Degree)
Xmass=21.0000(m)   Ymass=7.9837(m)   Gmass(活荷折减)=723.7678(707.0728)(t)
Eex=0.0000        Eey=0.0020
Ratx=1.0000        Raty =1.0000
Ratx1=1.0000        Raty1=1.0000
Ratx2=1.0000        Raty2=1.0000   薄弱层地震剪力放大系数= 1.00
RJX1 = 1.7948E+06(kN/m)   RJY1 = 2.3157E+06(kN/m)   RJZ1 = 0.0000E+00(kN/m)
RJX3 = 6.9678E+05(kN/m)   RJY3 = 5.5267E+05(kN/m)   RJZ3 = 0.0000E+00(kN/m)
RJX3*H = 2.2994E+06(kN)    RJY3*H = 1.8238E+06(kN)    RJZ3*H = 0.0000E+00(kN)
------------------------------------------------------------------------
```

X 方向最小刚度比：0.9019(第 1 层第 1 塔)

Y 方向最小刚度比：1.0000(第 6 层第 1 塔)

```
========================================================================
```

结构整体抗倾覆验算结果

```
========================================================================
```

	抗倾覆力矩 Mr	倾覆力矩 Mov	比值 Mr/Mov	零应力区(%)
X 风荷载	1067962.6	3807.6	280.48	0.00
Y 风荷载	399303.5	9845.4	40.56	0.00
X 地 震	1035765.1	33441.1	30.97	0.00
Y 地 震	387342.4	32656.1	11.86	0.00

```
================================================================
结构舒适性验算结果(仅当满足规范适用条件时结果有效)
================================================================
```

按高钢规计算 X 向顺风向顶点最大加速度(m/s^2) =0.025
按高钢规计算 X 向横风向顶点最大加速度(m/s^2) =0.009
按荷载规范计算 X 向顺风向顶点最大加速度(m/s^2) =0.026
按荷载规范计算 X 向横风向顶点最大加速度(m/s^2) =0.006
按高钢规计算 Y 向顺风向顶点最大加速度(m/s^2) =0.063
按高钢规计算 Y 向横风向顶点最大加速度(m/s^2) =0.009
按荷载规范计算 Y 向顺风向顶点最大加速度(m/s^2) =0.064
按荷载规范计算 Y 向横风向顶点最大加速度(m/s^2) =0.100

```
================================================================
结构整体稳定验算结果
================================================================
```

层号	X 向刚度	Y 向刚度	层高	上部重量	X 刚重比	Y 刚重比
1	0.575E+06	0.604E+06	4.40	65906	38.42	40.30
2	0.788E+06	0.743E+06	3.30	54185	47.98	45.24
3	0.804E+06	0.752E+06	3.30	42816	61.95	57.94
4	0.801E+06	0.735E+06	3.30	31447	84.10	77.14
5	0.790E+06	0.697E+06	3.30	20078	129.87	114.64
6	0.697E+06	0.553E+06	3.30	8752	262.73	208.39

该结构刚重比 D_i*H_i/G_i 大于 10，能够通过《高层建筑混凝土结构技术规程》(5.4.4)的整体稳定验算。
该结构刚重比 D_i*H_i/G_i 大于 20，可以不考虑重力二阶效应。

```
================================================================
框架结构的二阶效应系数(按 GB50017—2017 第 5.1.6 条计算)
================================================================
```

层号	塔号	层高	上部重量	ThetaX	ThetaY
1	1	4.40	65906	0.03	0.02
2	1	3.30	54185	0.02	0.02
3	1	3.30	42816	0.02	0.02

4	1	3.30	31447	0.01	0.01
5	1	3.30	20078	0.01	0.01
6	1	3.30	8752	0.00	0.00

```
********************************************************************
*              楼层抗剪承载力、及承载力比值                        *

********************************************************************


       Ratio_Bu：表示本层与上一层的承载力之比


    -----------------------------------------------------------------
    层号    塔号    X向承载力   Y向承载力  Ratio_Ru:X,Y
    -----------------------------------------------------------------
      6      1    0.4660E+04  0.5319E+04   1.00    1.00
      5      1    0.6029E+04  0.6595E+04   1.29    1.24
      4      1    0.7260E+04  0.7593E+04   1.20    1.15
      3      1    0.8302E+04  0.8879E+04   1.14    1.17
      2      1    0.9217E+04  0.9740E+04   1.11    1.10
      1      1    0.7577E+04  0.9046E+04   0.82    0.93
X方向最小楼层抗剪承载力之比：  0.82 层号： 1 塔号： 1
Y方向最小楼层抗剪承载力之比：  0.93 层号： 1 塔号： 1
```

A.2　周期、振型、地震力输出文件 WZQ.OUT

周期、振型、地震力输出文件 WZQ.OUT 的内容如下。

```
/////////////////////////////////////////////////////////////////
| 公司名称：                                                    |
|                                                               |
|              周期、振型与地震力输出文件                        |
|                  (总刚分析方法)                                |
|              SATWE2010_V5.2.3 中文版                           |
|              (2021 年 2 月 3 日 9 时 30 分)                    |
|                 文件名：WZQ.OUT                                |
|                                                               |
|工程名称 ：          设计人 ：        计算日期：2021/08/16 |
|工程代号 ：          校核人 ：        计算时间：20:35:06   |
/////////////////////////////////////////////////////////////////


    考虑扭转耦联时的振动周期(秒)、X,Y 方向的平动系数、扭转系数


    振型号    周 期     转 角      平动系数 (X+Y)        扭转系数
```

1	0.8926	91.04	1.00	(0.00+1.00)	0.00
2	0.8792	1.31	0.98	(0.98+0.00)	0.02
3	0.8350	166.11	0.02	(0.02+0.00)	0.98
4	0.2901	90.62	1.00	(0.00+1.00)	0.00
5	0.2867	0.68	0.99	(0.99+0.00)	0.01
6	0.2659	154.32	0.00	(0.00+0.00)	1.00
7	0.1654	179.86	0.99	(0.99+0.00)	0.01
8	0.1634	89.85	0.99	(0.00+0.99)	0.01
9	0.1468	115.34	0.00	(0.00+0.00)	1.00
10	0.1137	180.00	0.99	(0.99+0.00)	0.01
11	0.1097	89.99	0.95	(0.00+0.95)	0.05
12	0.0962	91.77	0.04	(0.00+0.04)	0.96
13	0.0960	88.42	0.04	(0.00+0.04)	0.96
14	0.0867	0.01	0.99	(0.99+0.00)	0.01
15	0.0802	90.01	0.94	(0.00+0.94)	0.06

地震作用最大的方向=-0.050 （度）

分别考虑X,Y,Z方向地震作用时的振型参与系数(考虑耦联)

振型号	周 期	X 向	Y 向	Z 向
1	0.8926	-1.21	66.18	0.00
2	0.8792	66.13	1.53	0.00
3	0.8350	-9.02	2.37	0.00
4	0.2901	-0.21	20.61	0.00
5	0.2867	19.55	0.25	0.00
6	0.2659	1.10	-0.55	0.00
7	0.1654	-9.47	0.03	0.00
8	0.1634	0.03	10.26	0.00
9	0.1468	0.15	-0.23	0.00
10	0.1137	5.25	0.00	0.00
11	0.1097	0.00	-5.81	0.00
12	0.0962	-0.03	-1.07	0.00
13	0.0960	0.03	-1.16	0.00
14	0.0867	-2.90	0.00	0.00
15	0.0802	0.00	3.25	0.00

==

仅考虑 X 向地震作用时的地震力
Floor：层号
Tower：塔号
F-x-x：X 方向的耦联地震力在 X 方向的分量

F-x-y：X 方向的耦联地震力在 Y 方向的分量
F-x-t：X 方向的耦联地震力的扭矩

振型 1 的地震力

Floor	Tower	F-x-x (kN)	F-x-y (kN)	F-x-t (kN·m)
6	1	0.16	-8.71	4.77
5	1	0.17	-9.71	5.25
4	1	0.16	-8.62	4.65
3	1	0.13	-7.06	3.78
2	1	0.10	-5.15	2.69
1	1	0.06	-3.02	1.50

振型 2 的地震力

Floor	Tower	F-x-x (kN)	F-x-y (kN)	F-x-t (kN·m)
6	1	467.88	11.58	907.34
5	1	528.05	12.36	998.62
4	1	474.96	10.96	883.97
3	1	395.11	8.98	721.81
2	1	294.40	6.55	520.37
1	1	180.39	3.84	303.91

振型 3 的地震力

Floor	Tower	F-x-x (kN)	F-x-y (kN)	F-x-t (kN·m)
6	1	8.66	-2.87	-966.88
5	1	10.45	-2.64	-1059.19
4	1	9.48	-2.33	-932.88
3	1	7.84	-1.91	-755.36
2	1	5.77	-1.39	-535.79
1	1	3.41	-0.83	-296.30

振型 4 的地震力

Floor	Tower	F-x-x (kN)	F-x-y (kN)	F-x-t (kN·m)
6	1	-0.02	2.29	-0.91
5	1	-0.02	1.35	-0.59
4	1	0.00	-0.45	0.11

3	1	0.02	-1.99	0.73
2	1	0.03	-2.59	0.97
1	1	0.02	-2.01	0.73

振型 5 的地震力

Floor	Tower	F-x-x	F-x-y	F-x-t
		(kN)	(kN)	(kN · m)
6	1	-211.54	-2.68	-139.33
5	1	-138.60	-1.50	-91.83
4	1	27.76	0.55	28.17
3	1	179.33	2.28	140.21
2	1	246.92	2.95	187.45
1	1	201.76	2.28	155.30

振型 6 的地震力

Floor	Tower	F-x-x	F-x-y	F-x-t
		(kN)	(kN)	(kN · m)
6	1	-0.62	0.38	169.00
5	1	-0.40	0.14	97.59
4	1	0.14	-0.10	-38.27
3	1	0.58	-0.29	-153.07
2	1	0.73	-0.35	-192.02
1	1	0.54	-0.27	-140.48

振型 7 的地震力

Floor	Tower	F-x-x	F-x-y	F-x-t
		(kN)	(kN)	(kN · m)
6	1	97.20	-0.23	6.05
5	1	-17.16	0.05	3.32
4	1	-116.81	0.28	-18.38
3	1	-72.72	0.16	-22.12
2	1	59.80	-0.16	-1.15
1	1	121.36	-0.29	21.68

振型 8 的地震力

Floor	Tower	F-x-x	F-x-y	F-x-t
		(kN)	(kN)	(kN · m)
6	1	0.00	0.28	-0.10
5	1	0.00	-0.08	0.00

4	1	0.00	-0.33	0.10
3	1	0.00	-0.18	0.06
2	1	0.00	0.20	-0.06
1	1	0.00	0.34	-0.10

振型 9 的地震力

Floor	Tower	F-x-x (kN)	F-x-y (kN)	F-x-t (kN·m)
6	1	0.02	-0.04	-21.59
5	1	-0.02	0.02	6.01
4	1	-0.02	0.04	26.15
3	1	0.01	0.02	13.20
2	1	0.02	-0.03	-16.35
1	1	0.01	-0.04	-26.30

振型 10 的地震力

Floor	Tower	F-x-x (kN)	F-x-y (kN)	F-x-t (kN·m)
6	1	-42.33	0.00	-2.17
5	1	50.51	0.00	0.46
4	1	34.28	0.00	10.54
3	1	-56.64	0.00	2.74
2	1	-26.07	0.00	-8.07
1	1	61.19	-0.01	-2.43

振型 11 的地震力

Floor	Tower	F-x-x (kN)	F-x-y (kN)	F-x-t (kN·m)
6	1	0.00	-0.02	0.01
5	1	0.00	0.02	0.00
4	1	0.00	0.01	0.00
3	1	0.00	-0.02	0.01
2	1	0.00	-0.01	0.00
1	1	0.00	0.02	-0.01

振型 12 的地震力

Floor	Tower	F-x-x (kN)	F-x-y (kN)	F-x-t (kN·m)
6	1	0.00	0.00	1.72
5	1	0.00	-0.02	-2.23

4	1	0.00	0.06	-1.18
3	1	0.00	-0.04	2.47
2	1	0.00	-0.04	0.78
1	1	0.00	0.06	-2.67

振型 13 的地震力

Floor	Tower	F-x-x	F-x-y	F-x-t
		(kN)	(kN)	(kN·m)
6	1	0.00	0.01	2.08
5	1	0.00	0.02	-2.72
4	1	0.00	-0.07	-1.43
3	1	0.00	0.05	3.00
2	1	0.00	0.05	0.94
1	1	0.00	-0.07	-3.23

振型 14 的地震力

Floor	Tower	F-x-x	F-x-y	F-x-t
		(kN)	(kN)	(kN·m)
6	1	14.25	0.00	2.62
5	1	-30.87	-0.01	-4.67
4	1	19.83	0.01	-2.90
3	1	9.94	0.00	5.52
2	1	-30.45	0.00	0.01
1	1	22.91	0.00	-4.17

振型 15 的地震力

Floor	Tower	F-x-x	F-x-y	F-x-t
		(kN)	(kN)	(kN·m)
6	1	0.00	0.00	0.00
5	1	0.00	0.00	0.00
4	1	0.00	0.00	0.00
3	1	0.00	0.00	0.00
2	1	0.00	0.00	0.00
1	1	0.00	0.00	0.00

各振型作用下 x 方向的基底剪力

振型号	剪力(kN)
1	0.77
2	2340.78

3	45.61
4	0.03
5	305.62
6	0.97
7	71.68
8	0.00
9	0.02
10	20.93
11	0.00
12	0.00
13	0.00
14	5.61
15	0.00

X 向地震作用参与振型的有效质量系数

振型号	有效质量系数(%)
1	0.03
2	87.94
3	1.64
4	0.00
5	7.68
6	0.02
7	1.80
8	0.00
9	0.00
10	0.55
11	0.00
12	0.00
13	0.00
14	0.17
15	0.00

各层 X 方向的作用力(CQC)

Floor: 层号

Tower: 塔号

Fx: X 向地震作用下结构的地震反应力

Vx: X 向地震作用下结构的楼层剪力

Mx: X 向地震作用下结构的弯矩

Static Fx: 底部剪力法 X 向的地震力

Floor	Tower	Fx (kN)	Vx (kN)	(分塔剪重比)	(整层剪重比)	Mx (kN·m)	Static Fx (kN)

(注意：下面分塔输出的剪重比不适合于上连多塔结构)

6	1	528.15	528.15(7.47%)	(7.47%)	1742.88	647.71
5	1	556.18	1070.67(6.90%)	(6.90%)	5260.50	510.64
4	1	498.12	1527.09(6.36%)	(6.36%)	10245.81	416.70
3	1	449.53	1902.68(5.86%)	(5.86%)	16417.66	320.53
2	1	396.64	2197.79(5.37%)	(5.37%)	23504.86	224.37
1	1	311.65	2400.08(4.83%)	(4.83%)	33816.61	132.65

《建筑抗震设计规范》(5.2.5条)要求的X向楼层最小剪重比=1.60%

X向地震作用下结构主振型的周期 = 0.8792

X方向的有效质量系数：99.84%

==

仅考虑Y向地震时的地震力
Floor：层号
Tower：塔号
F-y-x：Y方向的耦联地震力在 X 方向的分量
F-y-y：Y方向的耦联地震力在 Y 方向的分量
F-y-t：Y方向的耦联地震力的扭矩

振型 1 的地震力

Floor	Tower	F-y-x (kN)	F-y-y (kN)	F-y-t (kN·m)
6	1	-8.56	476.68	-260.78
5	1	-9.50	531.15	-287.15
4	1	-8.52	471.50	-254.16
3	1	-7.10	386.36	-206.68
2	1	-5.31	281.81	-147.21
1	1	-3.28	164.93	-82.04

振型 2 的地震力

Floor	Tower	F-y-x (kN)	F-y-y (kN)	F-y-t (kN·m)
6	1	10.85	0.27	21.04
5	1	12.24	0.29	23.15

4	1	11.01	0.25	20.49
3	1	9.16	0.21	16.74
2	1	6.83	0.15	12.06
1	1	4.18	0.09	7.05

振型 3 的地震力

Floor	Tower	F-y-x	F-y-y	F-y-t
		(kN)	(kN)	(kN·m)
6	1	-2.27	0.75	253.75
5	1	-2.74	0.69	277.98
4	1	-2.49	0.61	244.83
3	1	-2.06	0.50	198.24
2	1	-1.51	0.37	140.61
1	1	-0.90	0.22	77.76

振型 4 的地震力

Floor	Tower	F-y-x	F-y-y	F-y-t
		(kN)	(kN)	(kN·m)
6	1	2.38	-229.76	91.12
5	1	1.56	-135.14	58.93
4	1	-0.29	45.33	-10.95
3	1	-1.99	199.02	-73.34
2	1	-2.77	259.35	-97.30
1	1	-2.29	200.95	-73.02

振型 5 的地震力

Floor	Tower	F-y-x	F-y-y	F-y-t
		(kN)	(kN)	(kN·m)
6	1	-2.69	-0.03	-1.77
5	1	-1.76	-0.02	-1.17
4	1	0.35	0.01	0.36
3	1	2.28	0.03	1.78
2	1	3.14	0.04	2.38
1	1	2.57	0.03	1.97

振型 6 的地震力

Floor	Tower	F-y-x	F-y-y	F-y-t
		(kN)	(kN)	(kN·m)
6	1	0.31	-0.19	-84.78

5	1	0.20	-0.07	-48.95
4	1	-0.07	0.05	19.19
3	1	-0.29	0.14	76.78
2	1	-0.37	0.18	96.32
1	1	-0.27	0.14	70.47

振型 7 的地震力

Floor	Tower	F-y-x (kN)	F-y-y (kN)	F-y-t (kN·m)
6	1	-0.26	0.00	-0.02
5	1	0.05	0.00	-0.01
4	1	0.31	0.00	0.05
3	1	0.19	0.00	0.06
2	1	-0.16	0.00	0.00
1	1	-0.32	0.00	-0.06

振型 8 的地震力

Floor	Tower	F-y-x (kN)	F-y-y (kN)	F-y-t (kN·m)
6	1	0.27	105.70	-38.71
5	1	-0.07	-29.26	1.81
4	1	-0.33	-127.63	37.31
3	1	-0.18	-67.74	22.47
2	1	0.19	74.33	-21.75
1	1	0.34	128.76	-38.63

振型 9 的地震力

Floor	Tower	F-y-x (kN)	F-y-y (kN)	F-y-t (kN·m)
6	1	-0.03	0.06	32.71
5	1	0.03	-0.03	-9.10
4	1	0.03	-0.06	-39.60
3	1	-0.01	-0.03	-20.00
2	1	-0.04	0.04	24.76
1	1	-0.01	0.06	39.83

振型 10 的地震力

Floor	Tower	F-y-x (kN)	F-y-y (kN)	F-y-t (kN·m)

6	1	0.01	0.00	0.00
5	1	-0.01	0.00	0.00
4	1	-0.01	0.00	0.00
3	1	0.01	0.00	0.00
2	1	0.00	0.00	0.00
1	1	-0.01	0.00	0.00

振型 11 的地震力

Floor	Tower	F-y-x (kN)	F-y-y (kN)	F-y-t (kN·m)
6	1	0.01	-43.56	16.17
5	1	0.01	58.56	-13.02
4	1	-0.01	28.63	-10.33
3	1	-0.01	-62.92	15.23
2	1	0.01	-21.63	6.14
1	1	0.01	66.08	-17.16

振型 12 的地震力

Floor	Tower	F-y-x (kN)	F-y-y (kN)	F-y-t (kN·m)
6	1	-0.02	-0.11	72.85
5	1	0.10	-0.96	-94.84
4	1	-0.11	2.74	-49.91
3	1	-0.05	-1.53	104.87
2	1	0.12	-1.82	33.01
1	1	-0.04	2.50	-113.21

振型 13 的地震力

Floor	Tower	F-y-x (kN)	F-y-y (kN)	F-y-t (kN·m)
6	1	0.01	-0.33	-84.17
5	1	-0.11	-0.67	109.68
4	1	0.12	2.88	57.64
3	1	0.06	-1.86	-121.19
2	1	-0.14	-1.94	-37.99
1	1	0.04	2.86	130.47

振型 14 的地震力

```
---------------------------------------------------------------
Floor    Tower    F-y-x         F-y-y         F-y-t
                  (kN)          (kN)          (kN·m)
  6        1       0.00          0.00          0.00
  5        1       0.00          0.00          0.00
  4        1       0.00          0.00          0.00
  3        1       0.00          0.00          0.00
  2        1       0.00          0.00          0.00
  1        1       0.00          0.00          0.00
```

振型 15 的地震力

```
---------------------------------------------------------------
Floor    Tower    F-y-x         F-y-y         F-y-t
                  (kN)          (kN)          (kN·m)
  6        1       0.00         14.17         -5.60
  5        1       0.00        -31.83          9.03
  4        1       0.01         21.13         -5.93
  3        1      -0.01         10.30         -2.51
  2        1       0.01        -32.34          8.89
  1        1       0.00         25.37         -7.65
```

各振型作用下 Y 方向的基底剪力

```
---------------------------------------------------------------
          振型号      剪力(kN)
            1        2312.43
            2           1.26
            3           3.14
            4         339.75
            5           0.05
            6           0.24
            7           0.00
            8          84.16
            9           0.04
           10           0.00
           11          25.16
           12           0.80
           13           0.94
           14           0.00
           15           6.80
```

Y 向地震作用参与振型的有效质量系数

振型号	有效质量系数(%)
1	88.06
2	0.05
3	0.11
4	8.54
5	0.00
6	0.01
7	0.00
8	2.12
9	0.00
10	0.00
11	0.68
12	0.02
13	0.03
14	0.00
15	0.21

各层 Y 方向的作用力(CQC)

Floor: 层号

Tower: 塔号

Fy: Y 向地震作用下结构的地震反应力

Vy: Y 向地震作用下结构的楼层剪力

My: Y 向地震作用下结构的弯矩

Static Fy: 底部剪力法 Y 向的地震力

Floor	Tower	Fy (kN)	Vy (分塔剪重比) (整层剪重比) (kN)	My (kN·m)	Static Fy (kN)

(注意: 下面分塔输出的剪重比不适合于上连多塔结构)

6	1	539.28	539.28(7.63%)　　(7.63%)	1779.63	640.18
5	1	552.16	1073.10(6.92%)　　(6.92%)	5300.42	503.30
4	1	491.79	1514.56(6.31%)　　(6.31%)	10233.68	410.71
3	1	445.14	1874.56(5.77%)　　(5.77%)	16293.95	315.93
2	1	394.54	2155.61(5.26%)　　(5.26%)	23218.38	221.15
1	1	305.34	2343.74(4.71%)　　(4.71%)	33255.12	130.74

抗震规范(5.2.5)条要求的 Y 向楼层最小剪重比=1.60%

Y 向地震作用下结构主振型的周期=0.8926

Y 方向的有效质量系数：99.82%

**以上结果是在地震外力 CQC 下的统计结果。

==========各楼层地震剪力系数调整情况 [抗震规范 (5.2.5) 验算]==========

层号	塔号	X 向调整系数	Y 向调整系数
1	1	1.000	1.000
2	1	1.000	1.000
3	1	1.000	1.000
4	1	1.000	1.000
5	1	1.000	1.000
6	1	1.000	1.000

A.3 结构位移输出文件 WDISP.OUT

结构位移输出文件 WDISP.OUT 的内容如下：

```
///////////////////////////////////////////////////////////////
| 公司名称：                                                    |
|                                                              |
|                SATWE 位移输出文件                             |
|              SATWE2010_V5.2.3 中文版                          |
|              (2021 年 2 月 3 日 9 时 30 分)                    |
|                文件名：WDISP.OUT                              |
|                                                              |
|工程名称：        设计人：        计算日期:2021/08/16          |
|工程代号：        校核人：        计算时间:20:35:14            |
///////////////////////////////////////////////////////////////
```

所有位移的单位为毫米

Floor：层号
Tower：塔号
Jmax：最大位移对应的节点号
JmaxD：最大层间位移对应的节点号
Max-(Z)：节点的最大竖向位移
h：层高
Max-(X)，Max-(Y)：X,Y 方向的节点最大位移
Ave-(X)，Ave-(Y)：X,Y 方向的层平均位移
Max-Dx，Max-Dy：X,Y 方向的最大层间位移
Ave-Dx，Ave-Dy：X,Y 方向的平均层间位移
Ratio-(X),Ratio-(Y)：最大位移与层平均位移的比值

Ratio-Dx, Ratio-Dy：最大层间位移与平均层间位移的比值

Max-Dx/h，Max-Dy/h：X, Y 方向的最大层间位移角

DxR/Dx，DyR/Dy：X, Y 方向的有害位移角占总位移角的百分比例

Ratio_AX，Ratio_AY：本层位移角与上层位移角的 1.3 倍及上三层平均位移角的 1.2 倍的比值中的大者

X-Disp，Y-Disp，Z-Disp：节点 X, Y, Z 方向的位移

=== 工况 1 === X 方向地震作用下的楼层最大位移(非强刚模型)

Floor	Tower	Jmax	Max-(X)	Ave-(X)	h		
		JmaxD	Max-Dx	Ave-Dx	Max-Dx/h	DxR/Dx	Ratio_AX
6	1	1117	13.39	13.15	3300.		
		1117	0.77	0.76	1/4291.	78.7%	1.00
5	1	955	12.68	12.45	3300.		
		955	1.38	1.36	1/2393.	40.6%	1.38
4	1	739	11.36	11.15	3300.		
		739	1.94	1.91	1/1701.	24.2%	1.50
3	1	523	9.47	9.29	3300.		
		523	2.41	2.37	1/1369.	17.9%	1.47
2	1	307	7.08	6.95	3300.		
		307	2.84	2.79	1/1161.	12.1%	1.24
1	1	57	4.25	4.17	4400.		
		57	4.25	4.17	1/1036.	99.9%	1.11

X 方向最大层间位移角： 1/1036.(第 1 层第 1 塔)

=== 工况 2 === X+ 偶然偏心地震作用下的楼层最大位移(非强刚模型)

Floor	Tower	Jmax	Max-(X)	Ave-(X)	h		
		JmaxD	Max-Dx	Ave-Dx	Max-Dx/h	DxR/Dx	Ratio_AX
6	1	1117	13.80	13.17	3300.		
		1117	0.80	0.76	1/4149.	78.8%	1.00
5	1	955	13.06	12.46	3300.		
		955	1.42	1.36	1/2317.	40.8%	1.38
4	1	739	11.70	11.17	3300.		
		739	2.00	1.91	1/1647.	24.3%	1.51
3	1	523	9.74	9.31	3300.		
		523	2.49	2.37	1/1326.	17.9%	1.47
2	1	307	7.28	6.96	3300.		
		307	2.93	2.79	1/1125.	12.1%	1.24
1	1	57	4.35	4.18	4400.		
		57	4.35	4.18	1/1011.	99.9%	1.11

X方向最大层间位移角：　　　　　　　　1/1011.(第1层第1塔)

=== 工况　3 === X- 偶然偏心地震作用下的楼层最大位移(非强刚模型)

Floor	Tower	Jmax	Max-(X)	Ave-(X)	h		
		JmaxD	Max-Dx	Ave-Dx	Max-Dx/h	DxR/Dx	Ratio_AX
6	1	1120	13.30	13.14	3300.		
		1120	0.77	0.76	1/4262.	78.6%	1.00
5	1	958	12.57	12.43	3300.		
		958	1.38	1.35	1/2398.	40.4%	1.37
4	1	742	11.26	11.14	3300.		
		742	1.93	1.90	1/1709.	24.2%	1.50
3	1	526	9.38	9.28	3300.		
		526	2.40	2.36	1/1376.	17.8%	1.47
2	1	310	7.00	6.94	3300.		
		310	2.82	2.79	1/1170.	12.1%	1.24
1	1	60	4.19	4.16	4400.		
		60	4.19	4.16	1/1050.	99.9%	1.11

X方向最大层间位移角：　　　　　　　　1/1050.(第1层第1塔)

=== 工况　4 === Y 方向地震作用下的楼层最大位移(非强刚模型)

Floor	Tower	Jmax	Max-(Y)	Ave-(Y)	h		
		JmaxD	Max-Dy	Ave-Dy	Max-Dy/h	DyR/Dy	Ratio_AY
6	1	1113	13.92	13.65	3300.		
		1113	0.99	0.98	1/3328.	57.7%	1.00
5	1	951	12.98	12.73	3300.		
		951	1.57	1.54	1/2104.	33.9%	1.21
4	1	735	11.48	11.26	3300.		
		735	2.10	2.06	1/1569.	21.0%	1.37
3	1	519	9.43	9.25	3300.		
		519	2.55	2.49	1/1295.	16.4%	1.36
2	1	303	6.91	6.78	3300.		
		303	2.96	2.90	1/1113.	0.3%	1.19
1	1	53	3.95	3.88	4400.		
		53	3.95	3.88	1/1113.	99.9%	0.98

Y方向最大层间位移角：　　　　　　　　1/1113.(第1层第1塔)

=== 工况　5 === Y+ 偶然偏心地震作用下的楼层最大位移(非强刚模型)

Floor	Tower	Jmax	Max-(Y)	Ave-(Y)	h		
		JmaxD	Max-Dy	Ave-Dy	Max-Dy/h	DyR/Dy	Ratio_AY
6	1	1141	16.12	13.65	3300.		
		1141	1.15	0.98	1/2874.	57.5%	1.00
5	1	983	15.04	12.73	3300.		
		983	1.82	1.54	1/1809.	33.9%	1.21
4	1	775	13.30	11.26	3300.		
		775	2.45	2.06	1/1346.	21.0%	1.37
3	1	559	10.90	9.25	3300.		
		559	2.97	2.49	1/1110.	16.4%	1.36
2	1	343	7.96	6.78	3300.		
		343	3.45	2.90	1/ 957.	0.4%	1.19
1	1	93	4.52	3.88	4400.		
		93	4.52	3.88	1/ 974.	99.9%	0.98

Y 方向最大层间位移角：   1/ 957.(第 2 层第 1 塔)

=== 工况 6 === Y- 偶然偏心地震作用下的楼层最大位移(非强刚模型)

Floor	Tower	Jmax	Max-(Y)	Ave-(Y)	h		
		JmaxD	Max-Dy	Ave-Dy	Max-Dy/h	DyR/Dy	Ratio_AY
6	1	1113	16.66	13.65	3300.		
		1113	1.18	0.98	1/2799.	57.8%	1.00
5	1	951	15.55	12.73	3300.		
		951	1.88	1.54	1/1753.	33.9%	1.21
4	1	735	13.75	11.26	3300.		
		735	2.54	2.06	1/1301.	21.0%	1.37
3	1	519	11.27	9.25	3300.		
		519	3.08	2.49	1/1072.	16.4%	1.36
2	1	303	8.23	6.78	3300.		
		303	3.57	2.90	1/ 924.	0.3%	1.19
1	1	53	4.66	3.88	4400.		
		53	4.66	3.88	1/ 944.	99.9%	0.98

Y 方向最大层间位移角：   1/ 924.(第 2 层第 1 塔)

=== 工况 7 === X 方向风荷载作用下的楼层最大位移(非强刚模型)

Floor	Tower	Jmax	Max-(X)	Ave-(X)	Ratio-(X)	h		
		JmaxD	Max-Dx	Ave-Dx	Ratio-Dx	Max-Dx/h	DxR/Dx	Ratio_AX
6	1	1120	1.41	1.38	1.02	3300.		
		1120	0.08	0.08	1.01	1/9999.	67.7%	1.00
5	1	958	1.33	1.30	1.02	3300.		

		958	0.13	0.13	1.01	1/9999.	42.6%	1.29
4	1	742	1.20	1.17	1.03	3300.		
		742	0.19	0.19	1.02	1/9999.	27.0%	1.49
3	1	526	1.01	0.98	1.03	3300.		
		526	0.24	0.24	1.03	1/9999.	22.2%	1.50
2	1	310	0.76	0.75	1.02	3300.		
		310	0.30	0.29	1.03	1/9999.	18.3%	1.31
1	1	60	0.47	0.46	1.02	4400.		
		60	0.47	0.46	1.02	1/9442.	99.9%	1.20

X 方向最大层间位移角：　　　　　　　　　1/9442.(第 1 层第 1 塔)
X 方向最大位移与层平均位移的比值：　　　1.03(第 3 层第 1 塔)
X 方向最大层间位移与平均层间位移的比值：　1.03(第 2 层第 1 塔)

=== 工况　8 === Y 方向风荷载作用下的楼层最大位移(非强刚模型)

Floor	Tower	Jmax	Max-(Y)	Ave-(Y)	Ratio-(Y)	h		
		JmaxD	Max-Dy	Ave-Dy	Ratio-Dy	Max-Dy/h	DyR/Dy	Ratio_AY
6	1	1113	3.73	3.73	1.00	3300.		
		1113	0.26	0.26	1.00	1/9999.	50.7%	1.00
5	1	951	3.48	3.48	1.00	3300.		
		951	0.39	0.39	1.00	1/8571.	36.5%	1.16
4	1	735	3.09	3.09	1.00	3300.		
		735	0.53	0.53	1.00	1/6280.	24.5%	1.37
3	1	519	2.57	2.57	1.00	3300.		
		519	0.65	0.65	1.00	1/5044.	21.4%	1.40
2	1	303	1.91	1.91	1.00	3300.		
		303	0.79	0.79	1.00	1/4156.	5.9%	1.27
1	1	53	1.12	1.12	1.00	4400.		
		53	1.12	1.12	1.00	1/3926.	99.9%	1.06

Y 方向最大层间位移角：1/3926.(第 1 层第 1 塔)
Y 方向最大位移与层平均位移的比值：1.00(第 4 层第 1 塔)
Y 方向最大层间位移与平均层间位移的比值：1.00(第 3 层第 1 塔)

=== 工况　9 === 竖向恒荷载作用下的楼层最大位移

Floor	Tower	Jmax	Max-(Z)
6	1	1122	-0.74
5	1	1092	-3.13
4	1	753	-14.27
3	1	537	-14.33
2	1	321	-14.15

1	1	71	-13.73

=== 工况 10 === 竖向活荷载作用下的楼层最大位移

Floor	Tower	Jmax	Max-(Z)
6	1	1131	-0.59
5	1	1098	-0.65
4	1	763	-0.64
3	1	547	-0.57
2	1	331	-0.47
1	1	81	-0.35

=== 工况 11 === X 方向地震作用规定水平力下的楼层最大位移(非强刚模型)

Floor	Tower	Jmax	Max-(X)	Ave-(X)	Ratio-(X)	h
		JmaxD	Max-Dx	Ave-Dx	Ratio-Dx	
6	1	1117	13.45	13.36	1.01	3300.
		1117	0.76	0.76	1.00	
5	1	955	12.69	12.60	1.01	3300.
		955	1.37	1.36	1.01	
4	1	739	11.32	11.24	1.01	3300.
		739	1.92	1.91	1.01	
3	1	523	9.40	9.33	1.01	3300.
		523	2.39	2.37	1.01	
2	1	307	7.01	6.96	1.01	3300.
		307	2.81	2.79	1.01	
1	1	57	4.20	4.16	1.01	4400.
		57	4.20	4.16	1.01	

  X 方向最大位移与层平均位移的比值: 1.01(第 1 层第 1 塔)
  X 方向最大层间位移与平均层间位移的比值: 1.01(第 1 层第 1 塔)

=== 工况 12 === X+偶然偏心地震作用规定水平力下的楼层最大位移(非强刚模型)

Floor	Tower	Jmax	Max-(X)	Ave-(X)	Ratio-(X)	h
		JmaxD	Max-Dx	Ave-Dx	Ratio-Dx	
6	1	1117	13.87	13.37	1.04	3300.
		1117	0.79	0.76	1.04	
5	1	955	13.08	12.61	1.04	3300.
		955	1.41	1.36	1.04	
4	1	739	11.66	11.25	1.04	3300.
		739	1.99	1.91	1.04	
3	1	523	9.68	9.34	1.04	3300.
		523	2.46	2.37	1.04	

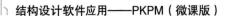

Floor	Tower	Jmax				h
2	1	307	7.21	6.97	1.04	3300.
		307	2.90	2.79	1.04	
1	1	57	4.31	4.17	1.03	4400.
		57	4.31	4.17	1.03	

X方向最大位移与层平均位移的比值：　　　　 1.04(第5层第1塔)
X方向最大层间位移与平均层间位移的比值：　1.04(第2层第1塔)

=== 工况 13 === X-偶然偏心地震作用规定水平力下的楼层最大位移(非强刚模型)

Floor	Tower	Jmax	Max-(X)	Ave-(X)	Ratio-(X)	h
		JmaxD	Max-Dx	Ave-Dx	Ratio-Dx	
6	1	1120	13.65	13.34	1.02	3300.
		1120	0.79	0.76	1.03	
5	1	958	12.86	12.58	1.02	3300.
		958	1.40	1.36	1.03	
4	1	742	11.47	11.22	1.02	3300.
		742	1.96	1.91	1.03	
3	1	526	9.51	9.31	1.02	3300.
		526	2.43	2.37	1.03	
2	1	310	7.08	6.95	1.02	3300.
		310	2.86	2.79	1.02	
1	1	60	4.22	4.16	1.02	4400.
		60	4.22	4.16	1.02	

X方向最大位移与层平均位移的比值：　　　　 1.02(第6层第1塔)
X方向最大层间位移与平均层间位移的比值：　1.03(第6层第1塔)

=== 工况 14 === Y方向地震作用规定水平力下的楼层最大位移(非强刚模型)

Floor	Tower	Jmax	Max-(Y)	Ave-(Y)	Ratio-(Y)	h
		JmaxD	Max-Dy	Ave-Dy	Ratio-Dy	
6	1	1113	13.99	13.90	1.01	3300.
		1113	0.99	0.99	1.00	
5	1	951	13.00	12.92	1.01	3300.
		951	1.56	1.55	1.00	
4	1	735	11.44	11.37	1.01	3300.
		735	2.08	2.07	1.01	
3	1	519	9.36	9.30	1.01	3300.
		519	2.52	2.50	1.01	
2	1	303	6.84	6.79	1.01	3300.
		303	2.93	2.91	1.01	
1	1	53	3.91	3.88	1.01	4400.
		53	3.91	3.88	1.01	

Y 方向最大位移与层平均位移的比值：　　　　1.01(第 3 层第 1 塔)
Y 方向最大层间位移与平均层间位移的比值：　1.01(第 2 层第 1 塔)

=== 工况 15 === Y+偶然偏心地震作用规定水平力下的楼层最大位移 (非强刚模型)

Floor	Tower	Jmax	Max-(Y)	Ave-(Y)	Ratio-(Y)	h
		JmaxD	Max-Dy	Ave-Dy	Ratio-Dy	
6	1	1141	16.61	13.90	1.19	3300.
		1141	1.17	0.99	1.19	
5	1	983	15.44	12.92	1.20	3300.
		983	1.86	1.55	1.20	
4	1	775	13.58	11.37	1.19	3300.
		775	2.50	2.07	1.20	
3	1	559	11.09	9.30	1.19	3300.
		559	3.02	2.50	1.21	
2	1	343	8.06	6.79	1.19	3300.
		343	3.50	2.91	1.20	
1	1	93	4.57	3.88	1.18	4400.
		93	4.57	3.88	1.18	

Y 方向最大位移与层平均位移的比值：　　　　1.20(第 5 层第 1 塔)
Y 方向最大层间位移与平均层间位移的比值：　1.21(第 3 层第 1 塔)

=== 工况 16 === Y-偶然偏心地震作用规定水平力下的楼层最大位移 (非强刚模型)

Floor	Tower	Jmax	Max-(Y)	Ave-(Y)	Ratio-(Y)	h
		JmaxD	Max-Dy	Ave-Dy	Ratio-Dy	
6	1	1113	16.79	13.91	1.21	3300.
		1113	1.18	0.99	1.19	
5	1	951	15.61	12.92	1.21	3300.
		951	1.87	1.55	1.21	
4	1	735	13.73	11.37	1.21	3300.
		735	2.52	2.07	1.22	
3	1	519	11.21	9.30	1.21	3300.
		519	3.06	2.50	1.22	
2	1	303	8.16	6.79	1.20	3300.
		303	3.54	2.91	1.22	
1	1	53	4.62	3.88	1.19	4400.
		53	4.62	3.88	1.19	

Y 方向最大位移与层平均位移的比值：　　　　1.21(第 5 层第 1 塔)
Y 方向最大层间位移与平均层间位移的比值：　1.22(第 3 层第 1 塔)

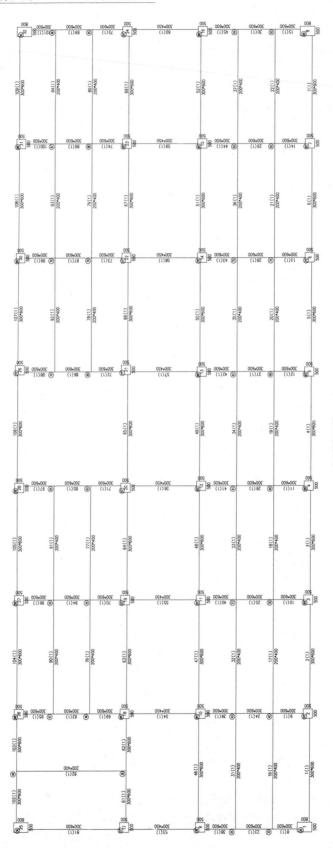

第1层平面简图（单位：mm）

本层：层高＝4400（mm）梁总数＝109 柱总数＝32 墙总数＝0
本层混凝土强度等级：梁 Cb＝30 柱 Cc＝30 墙 Cw＝30

图 A.1 第 1 层平面简图

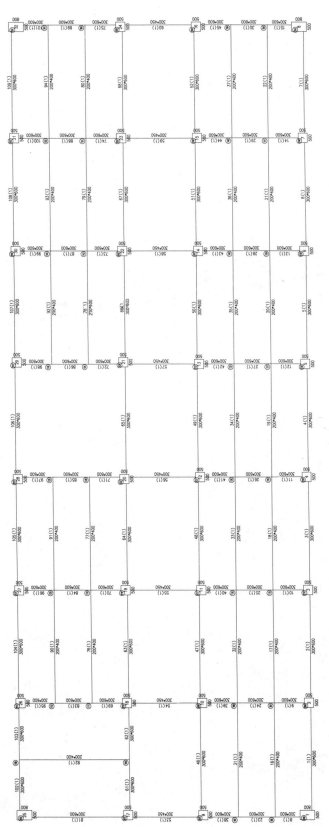

图 A.2　第 2~5 层平面简图

第2~5层平面简图（单位：mm）

本层:层高 = 3300(mm)　梁总数 = 109　柱总数 = 32　墙总数 = 0　墙 Cw = 30

本层混凝土保护层等级：梁 Cb = 30　柱 Cc = 30　墙 Cc = 30

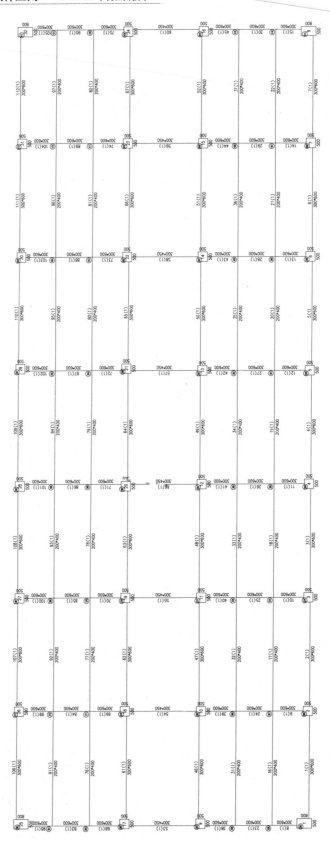

第6层平面简图（单位：mm）
梁总数 = 112 柱总数 = 32 墙总数 = 0
本层 层高 = 3300(mm)
本层混凝土强度等级：梁 Cb = 30 柱 Cc = 30 墙 Cw = 30

图 A.3 第 6 层平面简图

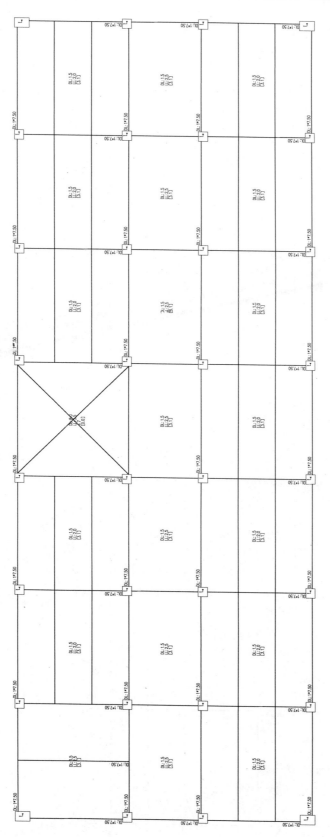

图 A.4 第 1 层梁、墙柱节点输入及楼面荷载平面图

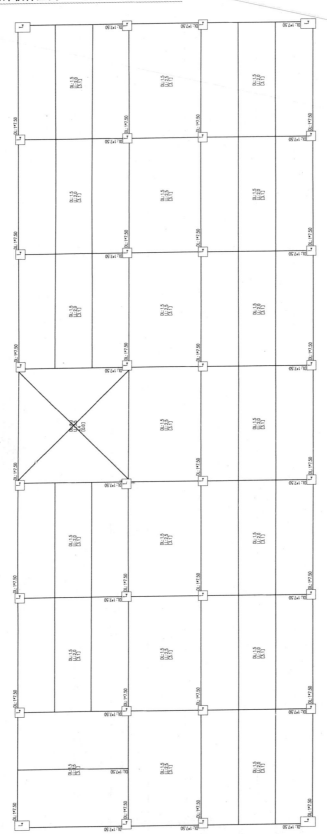

图 A.5　第 2~5 层梁、墙柱节点输入及楼面荷载平面图

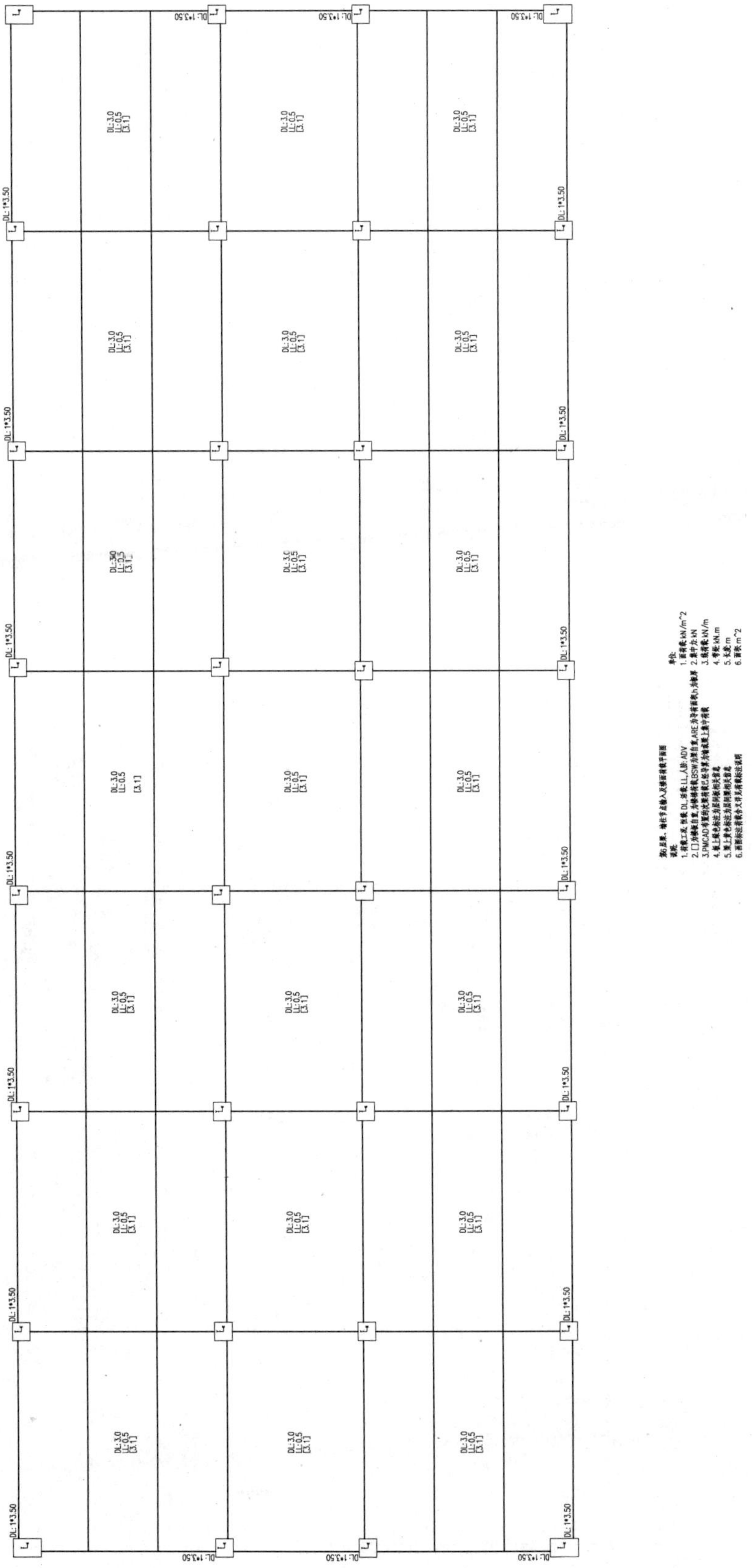

图 A.6　第 6 层梁、墙柱节点输入及楼面面荷载平面图

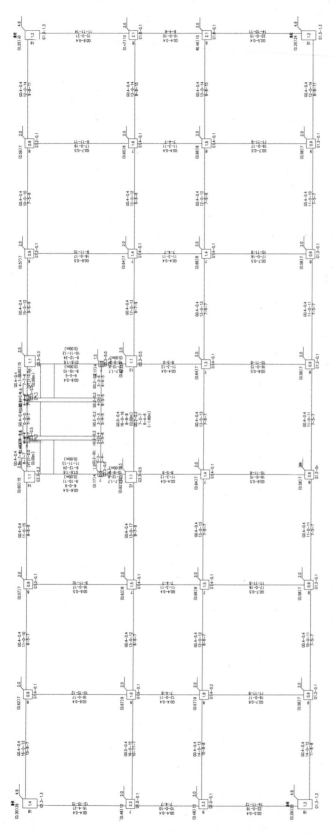

第 1 层混凝土构件配筋及钢筋应力简图(单位:cm*cm)

图 A.7　第 1 层混凝土构件配筋及钢构件应力比简图(单位:cm*cm)

本层：层高=4400(mm)；梁总数=89；柱总数=40

混凝土强度等级：梁 C_b=30；柱 C_c=30

主筋强度：梁；⊐B=360；柱 FIC=300

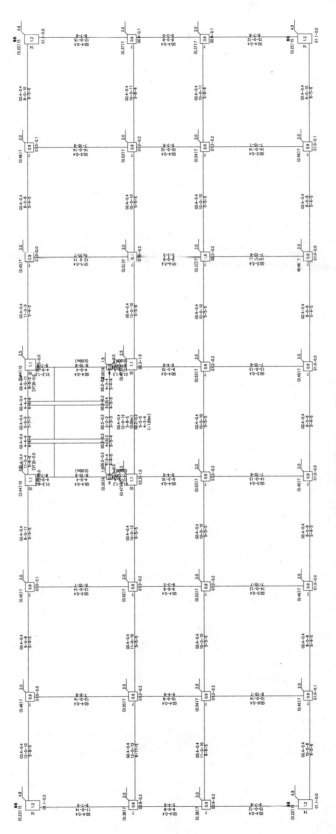

图 A.8 第 2~5 层混凝土构件配筋及钢构件应力比简图(单位:cm*cm)

本层：层高=3300(mm)；梁总数=81；柱总数=36

混凝土强度等级：梁 C_b=30；柱 C_c=30

主筋强度：梁；FIB=360；柱 FIC=300

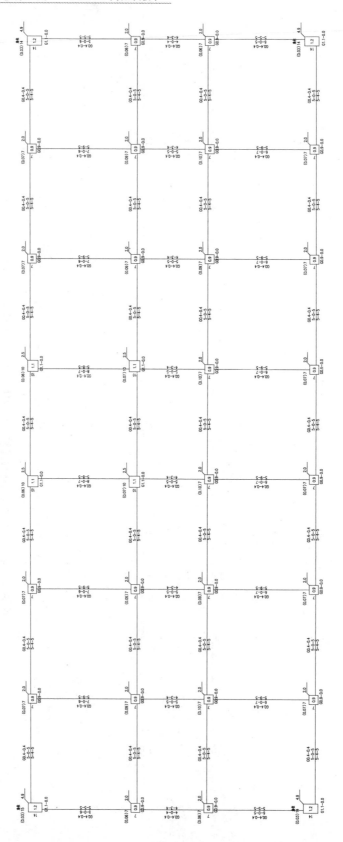

图 A.9　第 6 层混凝土构件配筋及钢构件应力比简图(单位:cm*cm)

本层：层高=3300(mm)；梁总数=52；柱总数=32

混凝土强度等级：梁 C_b=30；柱 C_c=30

主筋强度：梁 ；FIB=360；柱 FIC=300

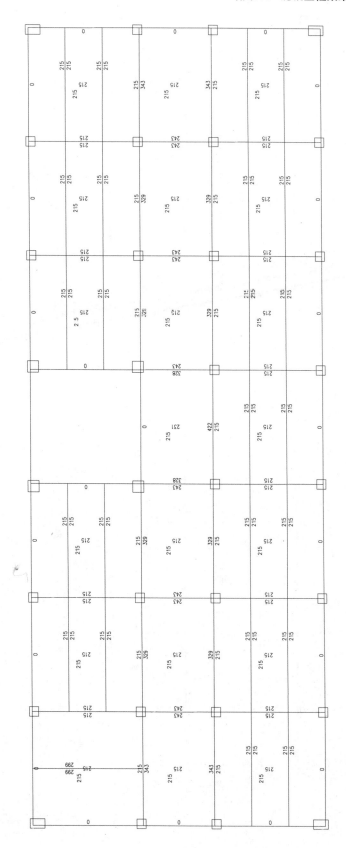

图 A.10　第 1 层现浇板面积图(单位：mm²)

钢筋强度等级：HRB400；混凝土强度等级：C30

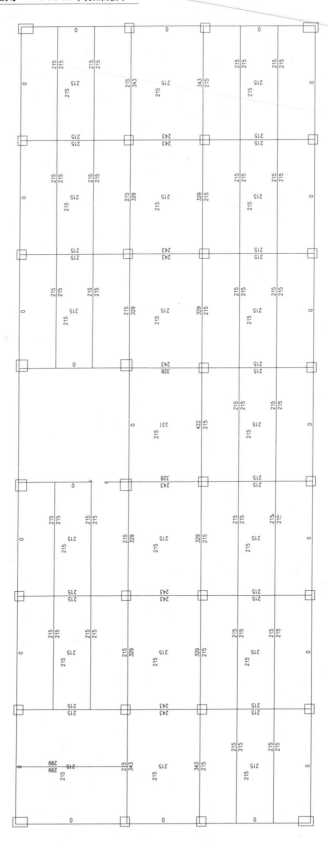

图 A.11 第 2~5 层现浇板面积图(单位：mm²)

钢筋强度等级：HRB400；混凝土强度等级：C30

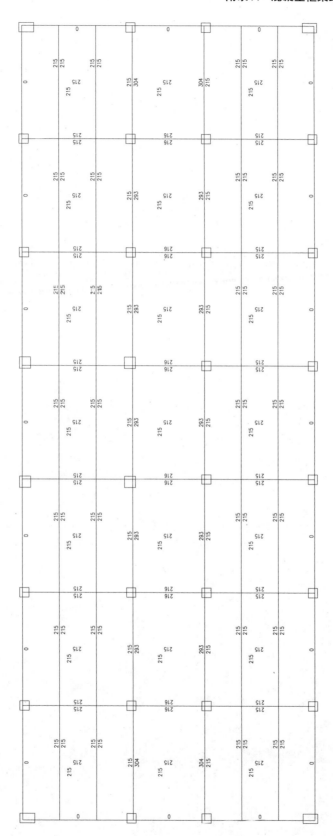

图 A.12 第 6 层现浇板面积图(单位：mm²)

钢筋强度等级：HRB400；混凝土强度等级：C30

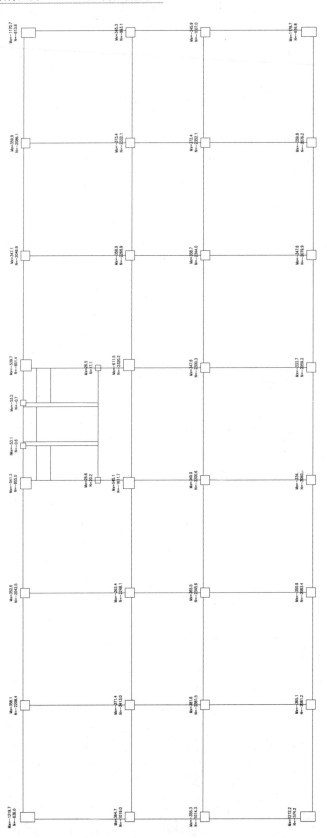

第 1 层柱墙截面控制内力简图

图 A.13　第 1 层柱墙截面控制内力简图

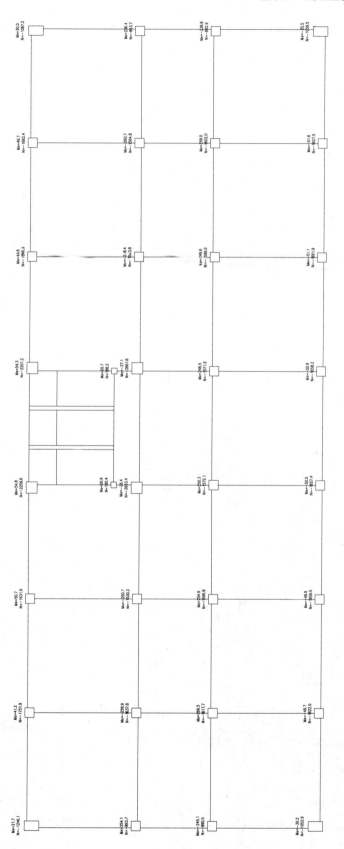

第 2~5 层柱墙截面控制内力简图

图 A.14　第 2~5 层柱墙截面控制内力简图

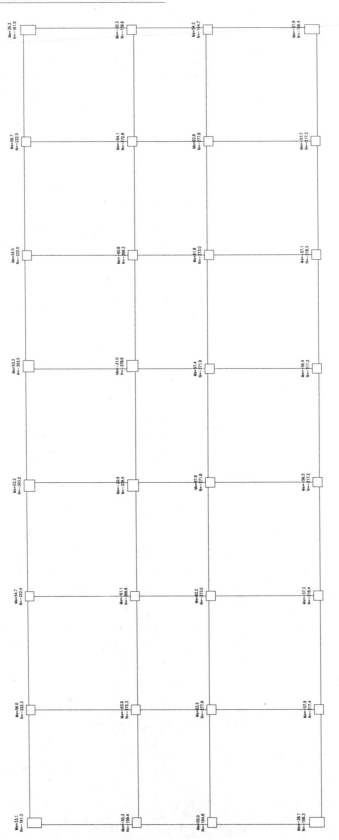

第 6 层柱墙截面控制内力简图

图 A.15　第 6 层柱墙截面控制内力简图

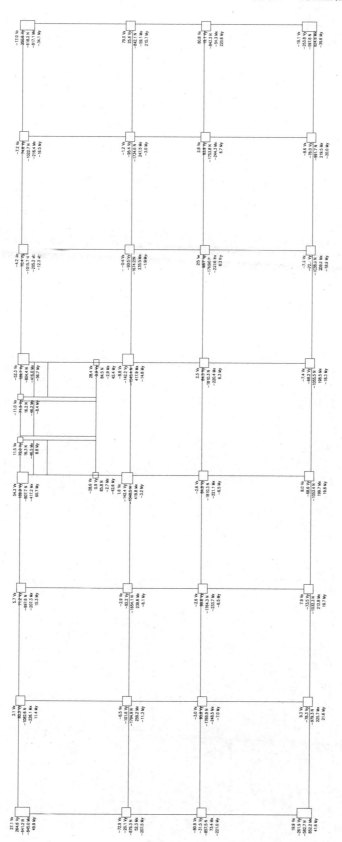

图 A.16　底层柱、墙内力组合(基本组合)

底层柱、墙内力：最小轴压力组合(基本组合)

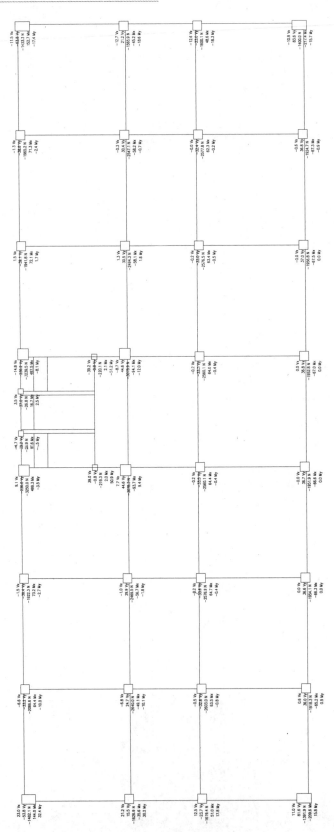

底层柱、墙内力：最大轴压力组合（基本组合）

图 A.17　底层柱、墙内力　最大轴压力组合（基本组合）

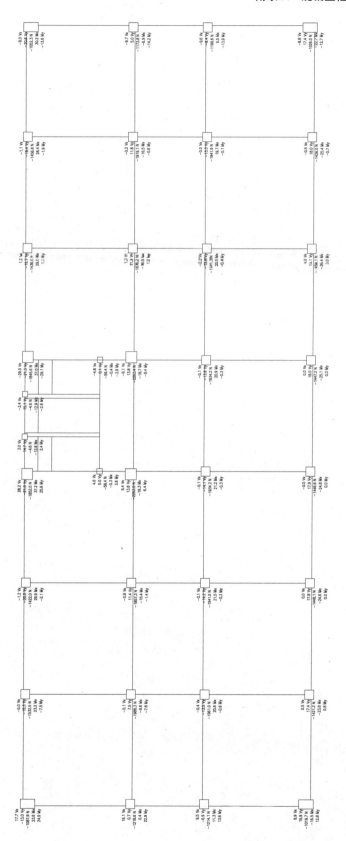

底层柱、墙内力：恒荷、活荷组合［标准组合］

图 A.18 底层柱、墙内力：恒荷、活荷组合［标准组合］

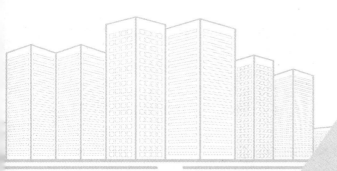

附录 B 混凝土框架结构施工图

本工程通过 PMCAD 建模，SATWE 结构分析计算，JCCAD 计算并绘制柱下独立基础施工图。将这些零散的图汇总、编写图号、添加结构设计总说明、编制目录等操作，才形成了一套完整的工程结构施工图。这里结构设计总说明是本人根据自己设计经验编写的，仅供参考，用户根据实际工程情况，采用本单位或其他设计单位的结构设计总说明，如表 B.1 所示。

表 B.1 图纸目录

序号	图号	图纸名称
1	结施 01	结构设计总说明
2	结施 02	基础平面布置图(见图 B.1)
3	结施 03	基础详图(见图 B.2)
4	结施 04	第 1～3 层柱结构平面图(见图 B.3)
5	结施 05	第 4～6 层柱结构平面图(见图 B.4)
6	结施 06	第 1 层梁结构平面图(见图 B.5)
7	结施 07	第 1 层结构平面图(见图 B.6)
8	结施 08	第 2～5 层梁结构平面图(见图 B.7)
9	结施 09	第 2～5 层结构平面图(见图 B.8)
10	结施 10	第 6 层梁结构平面图(见图 B.9)
11	结施 11	第 6 层结构平面图(见图 B.10)

1．工程概况

本工程为六层现浇框架结构，地上六层，无地下室。工程设计的基准期为 50 年，结构的设计使用年限为 50 年。

2．设计依据

(1) ××岩土工程勘察设计研究院于出具的《××工程岩土工程详细勘察报告书》。

(2) 主要设计规范及标准如下。

《建筑结构可靠度设计统一标准》GB 50068—2008

《建筑结构荷载规范》GB 50009—2012

《混凝土结构设计规范》GB 50010—2010

《砌体结构设计规范》GB 50010—2011

《建筑抗震设计规范》GB 50011—2010

《建筑地基基础设计规范》GB 50007—2011

《建筑抗震设防分类标准》GB 50223—2008

《混凝土结构耐久性设计规范》GB/T 50476—2008

《混凝土结构平面整体表示方法制图规则和构造详图》22G101

3．图纸说明

(1) 图纸中标高以 m 为单位，其余尺寸均以 mm 为单位。

(2) 底层室内地面设计标高±0.000 的绝对标高详见总平面图。

(3) 本工程除说明或图纸中另有要求外，混凝土梁、柱配筋应符合《混凝土结构平面整体表示方法制图规则和构造详图》(22G101)。

4．主要荷载取值

(1) 基本风压：$0.40kN/m^2$。

(2) 设计基本地震加速度 0.10g，设计地震分组为第一组。建筑场地类别Ⅱ类，设计特征周期值 0.35s。建筑抗震设防类别丙类，按 7 度抗震设防。

(3) 屋面活荷载：$0.5 kN/m^2$。

(4) 办公楼活荷载：$2.0 kN/m^2$。

(5) 走廊活荷载：$2.5kN/m^2$。

(6) 楼梯间活荷载：$3.5kN/m^2$。

(7) 卫生间活荷载：$2.5kN/m^2$。

(8) 本工程结构设计、计算、绘图均采用 PKPM(2010 版)结构系列软件 PMCAD、SATWE、JCCAD、LTCAD。

(9) 本工程上部结构混凝土环境类别为一类，卫生间、挡土墙及基础工程环境类别为二(a)类，屋面混凝土板采用的环境类别为二(b)类。

5. 主要结构材料

(1) 基础垫层采用 C15 强度等级的素混凝土，柱下独立基础和基础梁及框架梁、柱、楼梯、楼板、屋面板等所有现浇混凝土构件均采用 C30 强度等级的混凝土；所有填充墙内过梁及构造柱、圈梁均采用 C25 强度等级的混凝土。

(2) 本工程除现浇混凝土结构构件外，所有墙体均为填充墙。

6. 基础工程

(1) 由×××岩土工程勘察设计研究院于出具的《×××工程岩土工程详细勘察报告书》可知：工程地质情况如表 B.2 所示：

表 B.2　工程地质参数表

指标 土层名称	承载力特征值 f_{ak}(kPa)	压缩模量 E_s(kPa)	内摩擦角 φ(°)	黏聚力 c(kPa)
杂填土①	结构松散，尚未完成自重固结			
黏　土②	180	7.5	19	30
黏　土③	200	8	20	35

(2) 基坑开挖后应采取可靠的支护措施，保证施工及相邻建筑物的安全。施工期间应采取有效的防水、排水措施，并尽量缩短地基土的暴露时间。

(3) 基础落在黏土②土层上，地基承载力特征值为 180kPa。

(4) 基槽开挖后应钎探并验槽，如遇异常地质情况时，应及时通知勘察、监理及设计单位协商处理。

(5) 基坑用原土分层回填夯实，压实系数不小于 0.95。

7. 混凝土工程

(1) 普通梁上板的底部钢筋伸入支座≥5d 且不小于 120mm 并应伸至梁中线，当为 HPB300 级钢筋时，端部另设弯钩。

(2) 各板角负筋、纵横两向必须重叠设置成网格状。

(3) 板、梁上下应注意预留构造柱插筋或联结用的埋件。

(4) 基础、柱内钢筋应做防雷接地极引线，其数量、位置及做法均见电气施工图，应可靠焊接。

8. 其他

(1) 施工期间不得超负荷堆放建材和施工垃圾，特别注意梁板上集中负荷时对结构受力和变形的不利影响。

(2) 本图未作要求部分，施工时须严格按照国家现行设计、施工及安装工程规程规范的要求进行施工。

(3) 本房屋未经技术鉴定或设计许可，不得改变结构用途和使用环境。

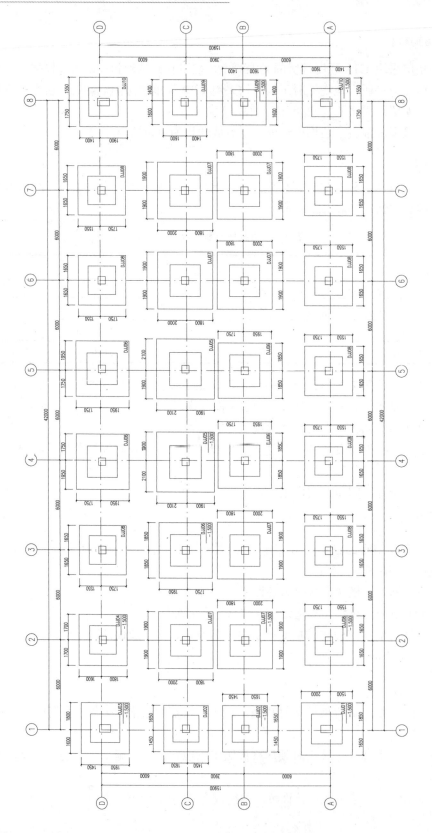

图 B.1　基础平面布置图

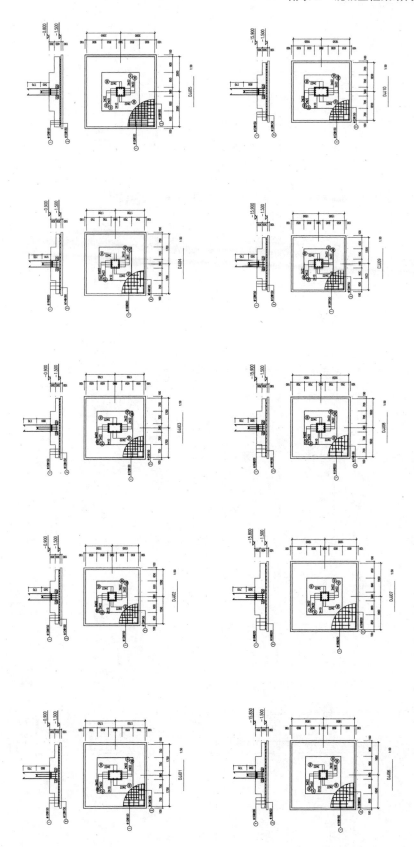

图 B.2　基础详图

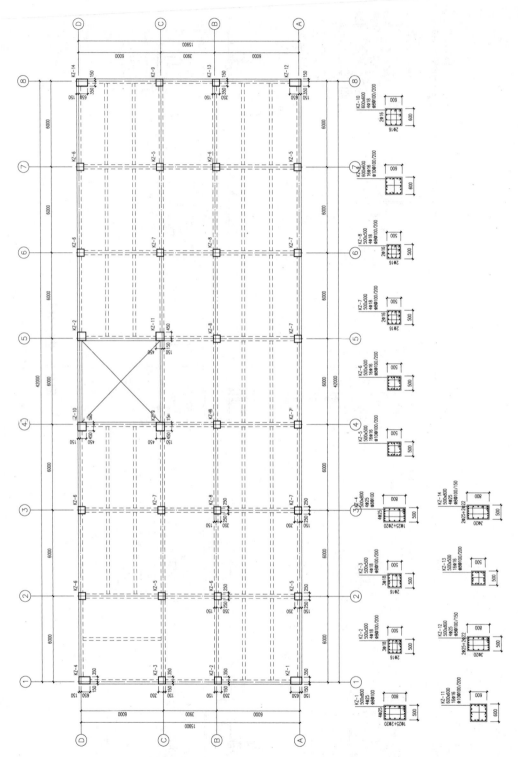

图 B.3　第 1~3 层柱结构平面图

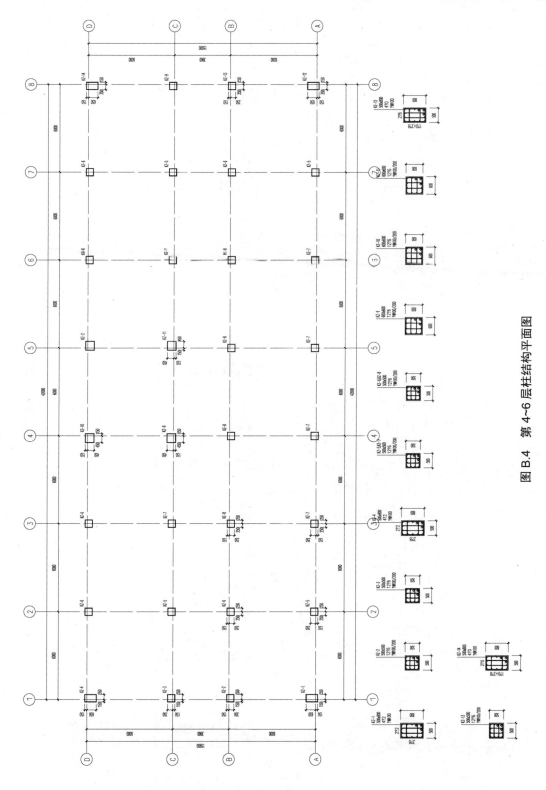

图 B.4　第 4~6 层柱结构平面图

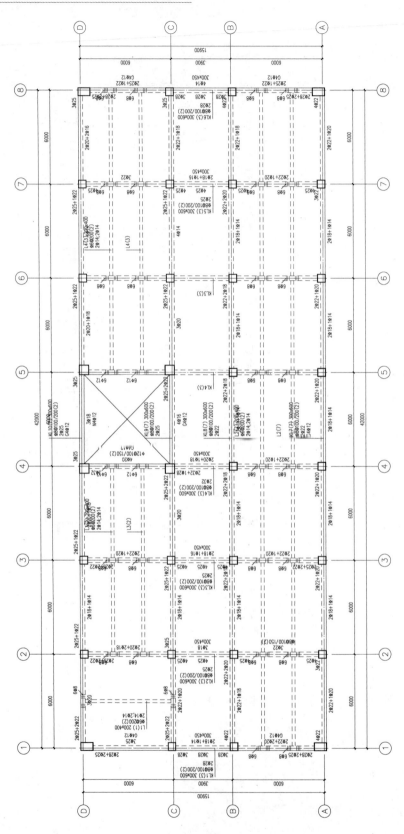

图 B.5　第 1 层梁结构平面图

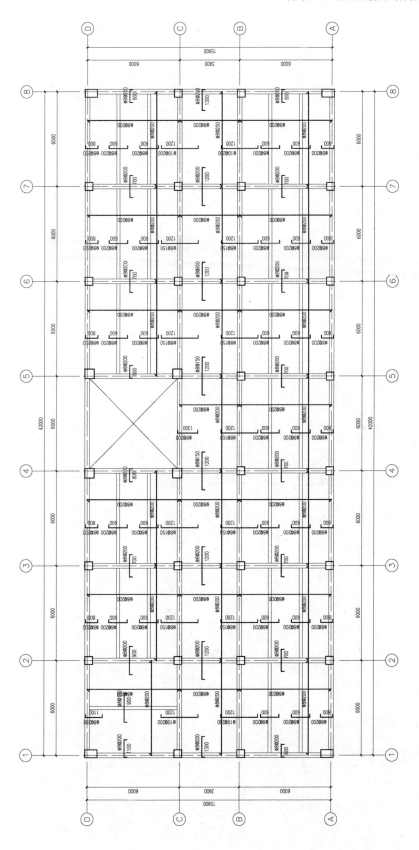

图 B.6　第 1 层结构平面图

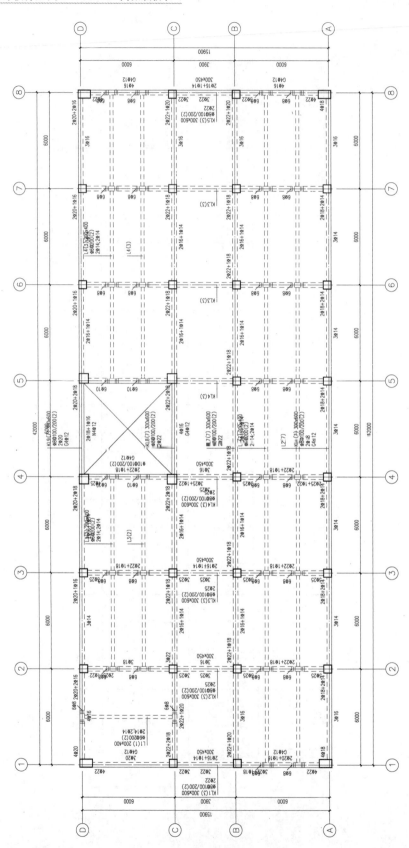

图 B.7　第 2~5 层梁结构平面图

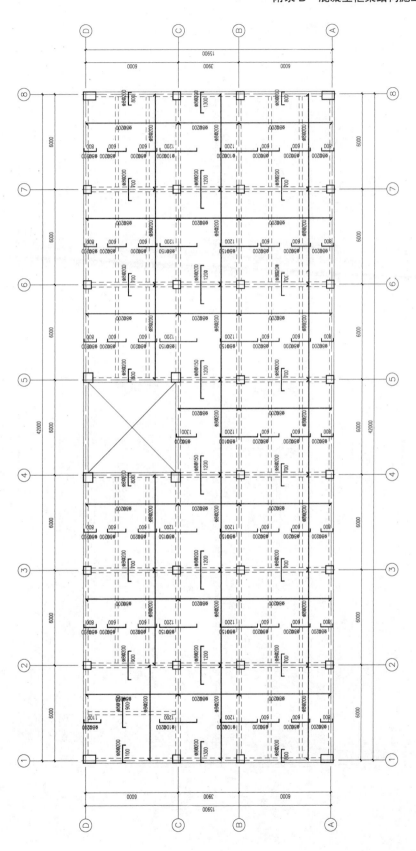

图 B.8 第 2~5 层结构平面图

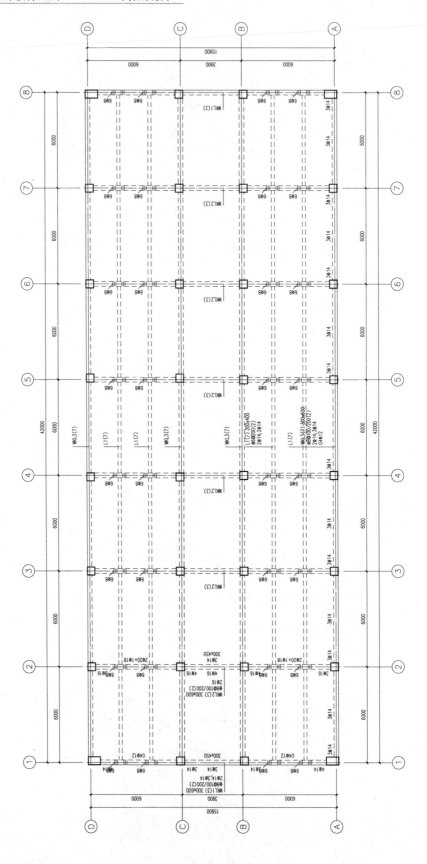

图 B.9　第 6 层梁结构平面图

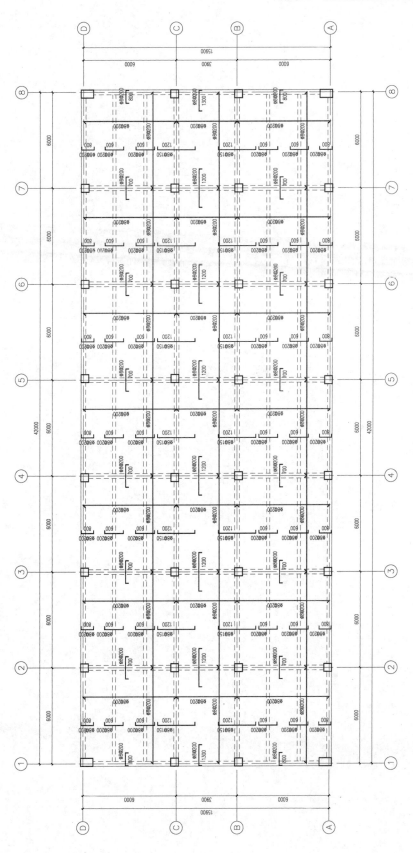

图 B.10 第 6 层结构平面图

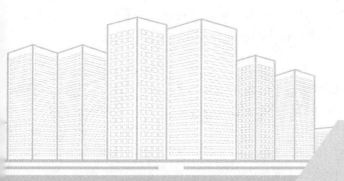

附录 C 我国主要城镇抗震设防烈度、设计基本地震加速度和设计地震分组

本附录仅提供我国抗震设防区各县级及县级以上城镇的中心地区建筑工程抗震设计时所采用的抗震设防烈度、设计基本地震加速度值和所属的设计地震分组。

注：本附录一般把"设计地震第一、二、三组"简称为"第一组、第二组、第三组"。

1. 首都和直辖市

(1) 抗震设防烈度为 8 度，设计基本地震加速度值为 0.20g。

第一组：北京(东城、西城、崇文、宣武、朝阳、丰台、石景山、海淀、房山、通州、顺义、大兴、平谷)，延庆，天津(汉沽)，宁河。

(2) 抗震设防烈度为 7 度，设计基本地震加速度值为 0.15g。

第二组：北京(昌平、门头沟、怀柔)，密云；天津(和平、河东、河西、南开、河北、红桥、塘沽、东丽、西青、津南、北辰、武清、宝坻)，蓟县，静海。

(3) 抗震设防烈度为 7 度，设计基本地震加速度值为 0.10g。

第一组：上海(黄浦、卢湾、徐汇、长宁、静安、普陀、闸北、虹口、杨浦、闵行、宝山、嘉定、浦东、松江、青浦、南汇、奉贤)。

第二组：天津(大港)。

(4) 抗震设防烈度为 6 度，设计基本地震加速度值为 0.05g。

第一组：上海(金山)，崇明；重庆(渝中、大渡口、江北、沙坪坝、九龙坡、南岸、北碚、万盛、双桥、渝北、巴南、万州、涪陵、黔江、长寿、江津、合川、永川、南川)，巫山，奉节，云阳，忠县，丰都，璧山，铜梁，大足，荣昌，綦江，石柱，巫溪*。

注：上标*指该城镇的中心位于本设防区和较低设防区的分界线，下同。

2. 河北省

(1) 抗震设防烈度为8度，设计基本地震加速度值为0.20g。

第一组：唐山(路北、路南、古冶、开平、丰润、丰南)，三河，大厂，香河，怀来，涿鹿。

第二组：廊坊(广阳、安次)。

(2) 抗震设防烈度为7度，设计基本地震加速度值为0.15g。

第一组：邯郸(丛台、邯山、复兴、峰峰矿区)，任丘，河间，大城，滦县，蔚县，磁县、宣化县、张家口(下花园、宣化区)、宁晋*。

第二组：涿州，高碑店，涞水，固安，永清，文安，玉田，迁安，卢龙，滦南，唐海，乐亭，阳原，邯郸县，大名，临漳，成安。

(3) 抗震设防烈度为7度，设计基本地震加速度值为0.10g。

第一组：张家口(桥西、桥东)，万全，怀安，安平，饶阳，晋州，深州，辛集，赵县，隆尧，任县，南和，新河，肃宁，柏乡。

第二组：石家庄(长安、桥东、桥西、新华、裕华、井陉矿区)，保定(新市、北市、南市)，沧州(运河、新华)，邢台(桥东、桥西)，衡水，霸州，雄县，易县，沧县，张北，兴隆，迁西，抚宁，昌黎，青县，献县，广宗，平乡，鸡泽，曲周，肥乡，馆陶，广平，高邑，内丘，邢台县，武安，涉县，赤城，走兴，容城，徐水，安新，高阳，博野，蠡县，深泽，魏县，藁城，栾城，武强，冀州，巨鹿，沙河，临城，泊头，永年，崇礼，南宫*。

第三组：秦皇岛(海港、北戴河)，清苑，遵化，安国，涞源，承德(鹰手营子*)。

(4) 抗震设防烈度为6度，设计基本地震加速度值为0.05g。

第一组：围场，沽源。

第二组：正定，尚义，无极，平山，鹿泉，井陉县，元氏，南皮，吴桥，景县，东光。

第三组：承德(双桥、双滦)，秦皇岛(山海关)，承德县，隆化，宽城，青龙，阜平，满城，顺平，唐县，望都，曲阳，定州，行唐，赞皇，黄骅，海兴，孟村，盐山，阜城，故城，清河，新乐，武邑，枣强，威县，丰宁，滦平，平泉，临西，灵寿，邱县。

3. 山西省

(1) 抗震设防烈度为8度，设计基本地震加速度值为0.20g。

第一组：太原(杏花岭、小店、迎泽、尖草坪、万柏林、晋源)，晋中，清徐，阳曲，忻州，定襄，原平，介休，灵石，汾西，代县，霍州，古县，洪洞，临汾，襄汾，浮山，永济。

第二组：祁县，平遥，太谷。

(2) 抗震设防烈度为7度，设计基本地震加速度值为0.15g。

第一组：大同(城区、矿区、南郊)，大同县，怀仁，应县，繁峙，五台，广灵，灵丘，芮城，翼城。

第二组：朔州(朔城区)，浑源，山阴，古交，交城，文水，汾阳，孝义，曲沃，侯马，新绛，稷山，绛县，河津，万荣，闻喜，临猗，夏县，运城，乎陆，沁源*，宁武*。

(3) 抗震设防烈度为 7 度，设计基本地震加速度值为 0.10g。

第一组：阳高，天镇。

第二组：大同(新荣)，长治(城区、郊区)．阳泉(城区、矿区、郊区)，长治县，左云，右玉，神池，寿阳，昔阳，安泽，平定，和顺，乡宁，垣曲，黎城，潞城，壶关。

第三组：平顺，榆社，武乡，娄烦，交口，隰县，蒲县，吉县，静乐，陵川，盂县，沁水，沁县，朔州(平鲁)。

(4) 抗震设防烈度为 6 度，设计基本地震加速度值为 0.05g。

第三组：偏关，河曲，保德，兴县，临县，方山，柳林，五寨，岢岚，岚县，中阳，石楼，永和，大宁，晋城，吕梁，左权，襄垣，屯留，长子，高平，阳城，泽州。

4. 内蒙古自治区

(1) 抗震设防烈度为 8 度，设计基本地震加速度值为 0.30g。

第一组：土墨特右旗，达拉特旗。

(2) 抗震设防烈度为 8 度，设计基本地震加速度值为 0.20g。

第一组：呼和浩特(新城、回民、玉泉、赛罕)，包头(昆都仑、东河、青山、九原)，乌海(海勃湾、海南、乌达)，土墨特左旗，杭锦后旗，磴口，宁城。

第二组：包头(石拐)，托克托*。

(3) 抗震设防烈度为 7 度，设计基本地震加速度值为 0.15g。

第一组：赤峰(红山、元宝山区)，喀喇沁旗，巴彦淖尔，五原，乌拉特前旗，凉城。

第二组：固阳，武川，和林格尔。

第三组：阿拉善左旗。

(4) 抗震设防烈度为 7 度，设计基本地震加速度值为 0.10g。

第一组：赤峰(松山区)，察右前旗，开鲁，傲汉旗，扎兰屯，通辽*。

第二组：清水河，乌兰察布，卓资，丰镇，乌特拉后旗，乌特拉中旗。

第三组：鄂尔多斯，准格尔旗。

(5) 抗震设防烈度为 6 度，设计基本地震加速度值为 0.05g。

第一组：满洲里，新巴尔虎右旗，莫力达瓦旗，阿荣旗，扎赉特旗，翁牛特旗，商都，乌审旗，科左中旗，科左后旗，奈曼旗，库伦旗，苏尼特右旗。

第二组：兴和，察右后旗。

第三组：达尔军茂明安联合旗，阿拉善右旗，鄂托克旗，鄂托克前旗，包头(白云矿区)，伊金霍洛旗，杭锦旗，四子王旗，察右中旗。

5. 辽宁省

(1) 抗震设防烈度为 8 度，设计基本地震加速度值为 0.20g。

第一组：普兰店，东港。

(2) 抗震设防烈度为 7 度，设计基本地震加速度值为 0.15g。

第一组：营口(站前、西市、鲅鱼圈、老边)，丹东(振兴、元宝、振安)，海城，大石桥，瓦房店，盖州，大连(金州)。

(3) 抗震设防烈度为 7 度，设计基本地震加速度值为 0.10g。

第一组：沈阳(沈河、和平、大东、皇姑、铁西、苏家屯、东陵、沈北、于洪)，鞍山(铁东、铁西、立山、千山)，朝阳(双塔、龙城)，辽阳(白塔、文圣、宏伟、弓长岭、太子河)，抚顺(新抚、东洲、望花)，铁岭(银州、清河)，盘锦(兴隆台、双台子)，盘山，朝阳县，辽阳县，铁岭县，北票，建平，开原，抚顺县*，灯塔，台安，辽中，大洼。

第二组：大连(西岗、中山、沙河口、甘井子、旅顺)，岫岩，凌源。

(4) 抗震设防烈度为 6 度，设计基本地震加速度值为 0.05g。

第一组：本溪(平山、溪湖、明山、南芬)，阜新(细河、海州、新邱、太平、清河门)，葫芦岛(龙港、连山)，昌图，西丰，法库，彰武，调兵山，阜新县，康平，新民，黑山，北宁，义县，宽甸，庄河，长海，抚顺(顺城)。

第二组：锦州(太和、古塔、凌河)，凌海，凤城，喀喇沁左翼。

第三组：兴城，绥中，建昌，葫芦岛(南票)。

6. 吉林省

(1) 抗震设防烈度为 8 度，设计基本地震加速度值为 0.20g。

前郭尔罗斯，松原。

(2) 抗震设防烈度为 7 度，设计基本地震加速度值为 0.15g。

大安*。

(3) 抗震设防烈度为 7 度，设计基本地震加速度值为 0.10g。

长春(难关、朝阳、宽城、二道、绿园、双阳)，吉林(船营、龙潭、昌邑、丰满)，白城，乾安，舒兰，九台，永吉*。

(4) 抗震设防烈度为 6 度，设计基本地震加速度值为 0.05g。

四平(铁西、铁东)，辽源(龙山、西安)，镇赉，洮南，延吉，汪清，图们，珲春，龙井，和龙，安图，蛟河，桦甸，梨树，磐石，东丰，辉南，梅河口，东辽，榆树，靖宇，抚松，长岭，德惠，农安，伊通，公主岭，扶余，通榆*。

注：全省县级及县级以上设防城镇，设计地震分组均为第一组。

7. 黑龙江省

(1) 抗震设防烈度为 7 度，设计基本地震加速度值为 0.10g。

绥化，萝北，泰来。

(2) 抗震设防烈度为 6 度，设计基本地震加速度值为 0.05g。

哈尔滨(松北、道里、南岗、道外、香坊、平房、呼兰、阿城)，齐齐哈尔(建华、龙沙、铁锋、昂昂溪、富拉尔基、碾子山、梅里斯)，大庆(萨尔图、龙凤、让胡路、大同、红岗)，鹤岗(向阳、兴山、工农、南山、兴安、东山)，牡丹江(东安、爱民、阳明、西安)，鸡西(鸡冠、恒山、滴道、梨树、城子河、麻山)，佳木斯(前进、向阳、东风、郊区)，七台河(桃山、新兴、茄子河)，伊春(伊春区、乌马、友好)，鸡东，望奎，穆棱，绥芬河，东宁，宁安，五大连池，嘉荫，汤原，桦南，桦川，依兰，勃利，通河，方正，木兰，巴彦，延寿，尚志，宾县，安达，明水，绥棱，庆安，兰西，肇东，肇州，双城，五常，讷河，北安，甘南，富裕，尤江，黑河，肇源，青冈*，海林*。

注：全省县级及县级以上设防城镇，设计地震分组均为第一组。

8. 江苏省

(1)　抗震设防烈度为 8 度，设计基本地震加速度值为 0.30g。

第一组：宿迁(宿城、宿豫*)。

(2)　抗震设防烈度为 8 度，设计基本地震加速度值为 0.20g。

第一组：新沂，邳州，睢宁。

(3)　抗震设防烈度为 7 度，设计基本地震加速度值为 0.15g。

第一组：扬州(维扬、广陵、邗江)，镇江(京口、润州)，泗洪，江都。

第二组：东海，沭阳，大丰。

(4)　抗震设防烈度为 7 度，设计基本地震加速度值为 0.10g。

第一组：南京(玄武、白下、秦淮、建邺、鼓楼、下关、浦口、六合、栖霞、雨花台、江宁)，常州(新北、钟楼、天宁、戚墅堰、武进)，泰州(海陵、高港)，江浦，东台，海安，姜堰，如皋，扬中，仪征，兴化，高邮，六合，句容，丹阳，金坛，镇江(丹徒)，溧阳，溧水，昆山，太仓。

第二组：徐州(云龙、鼓楼、九里、贾汪、泉山)，铜山，沛县，淮安(清河、青浦、淮阴)，盐城(亭湖、盐都)，泗阳，盱眙，射阳，赣榆，如东。

第三组：连云港(新浦、连云、海州)，灌云。

(5)　抗震设防烈度为 6 度，设计基本地震加速度值为 0.05g。

第一组：无锡(崇安、南长、北塘、滨湖、惠山)，苏州(金阊、沧浪、平江、虎丘、吴中、相成)，宜兴，常熟，吴江，泰兴，高淳。

第二组：南通(崇川、港闸)，海门，启东，通州，张家港，靖江，江阴，无锡(锡山)，建湖，洪泽，丰县。

第三组：响水，滨海，阜宁，宝应，金湖，灌南，涟水，楚州。

9. 浙江省

(1)　抗震设防烈度为 7 度，设计基本地震加速度值为 0.10g。

第一组：岱山，嵊泗，舟山(定海、普陀)，宁波(北仑、镇海)。

(2)　抗震设防烈度为 6 度，设计基本地震加速度值为 0.05g。

第一组：杭州(拱墅、上城、下城、江干、西湖、滨江、余杭、萧山)，宁波(海曙、江东、江北、鄞州)，湖州(吴兴、南浔)，嘉兴(南湖、秀洲)，温州(鹿城、龙湾、瓯海)，绍兴，绍兴县，长兴，安吉，临安，奉化，象山，德清，嘉善，平湖，海盐，桐乡，海宁，上虞，慈溪，余姚，富阳，平阳，苍南，乐清，永嘉，泰顺，景宁，云和，洞头。

第二组：庆元，瑞安。

10. 安徽省

(1)　抗震设防烈度为 7 度，设计基本地震加速度值为 0.15g。

第一组：五河，泗县。

(2)　抗震设防烈度为 7 度，设计基本地震加速度值为 0.10g。

第一组：合肥(蜀山、庐阳、瑶海、包河)，蚌埠(蚌山、龙子湖、禹会、淮山)，阜阳(颍州、颍东、颍泉)，淮南(田家庵、大通)，枞阳，怀远，长丰，六安(金安、裕安)，固镇，凤阳，明光，定远，肥东，肥西，舒城，庐江，桐城，霍山，涡阳，安庆(大观、迎江、宜秀)，铜陵县*。

第二组：灵璧。

(3) 抗震设防烈度为 6 度，设计基本地震加速度值为 0.05g。

第一组：铜陵(铜官山、狮子山、郊区)，淮南(谢家集、八公山、潘集)，芜湖(镜湖、戈江、三江、鸠江)，马鞍山(花山、雨山、金家庄)，芜湖县，界首，太和，临泉，阜南，利辛，凤台，寿县，颍上，霍邱，金寨，含山，和县，当涂，无为，繁昌，池州，岳西，潜山，太湖，怀宁，望江，东至，宿松，南陵，宣城，郎溪，广德，泾县，青阳，石台。

第二组：滁州(琅琊、南谯)，来安，全椒，砀山，萧县，蒙城，亳州，巢湖，天长。

第三组：濉溪，淮北，宿州。

11. 福建省

(1) 抗震设防烈度为 8 度，设计基本地震加速度值为 0.20g。

第二组：金门*。

(2) 抗震设防烈度为 7 度，设计基本地震加速度值为 0.15g。

第一组：漳州(芗城、龙文)，东山，诏安，龙海。

第二组：厦门(思明、海沧、湖里、集美、同安、翔安)，晋江，石狮，长泰，漳浦。

第三组：泉州(丰泽、鲤城、洛江、泉港)。

(3) 抗震设防烈度为 7 度，设计基本地震加速度值为 0.10g。

第二组：福州(鼓楼、台江、仓山、晋安)，华安，南靖，平和，云霄。

第三组：莆田(城厢、涵江、荔城、秀屿)，长乐，福清，平潭，惠安，南安，安溪，福州(马尾)。

(4) 抗震设防烈度为 6 度，设计基本地震加速度值为 0.05g。

第一组：三明(梅列、三元)，屏南，霞浦，福鼎，福安，柘荣，寿宁，周宁，松溪，宁德，古田，罗源，沙县，尤溪，闽清，闽侯，南平，大田，漳平，龙岩，泰宁，宁化，长汀，武平，建守，将乐，明溪，清流，连城，上杭，永安，建瓯。

第二组：政和，永定。

第三组：连江，永泰，德化，永春，仙游，马祖。

12. 江西省

(1) 抗震设防烈度为 7 度，设计基本地震加速度值为 0.10g。

寻乌，会昌。

(2) 抗震设防烈度为 6 度，设计基本地震加速度值为 0.05g。

南昌(东湖、西湖、青云谱、湾里、青山湖)，南昌县，九江(浔阳、庐山)，九江县，进贤，余干，彭泽，湖口，星子，瑞昌，德安，都昌，武宁，修水，靖安，铜鼓，宜丰，宁都，石城，瑞金，安远，定南，龙南，全南，大余。

注：全省县级及县级以上设防城镇，设计地震分组均为第一组。

13. 山东省

(1) 抗震设防烈度为 8 度，设计基本地震加速度值为 0.20g。

第一组：郯城，临沭，莒南，莒县，沂永，安丘，阳谷，临沂(河东)。

(2)　抗震设防烈度为7度，设计基本地震加速度值为0.15g。

第一组：临沂(兰山、罗庄)，青州，临朐，菏泽，东明，聊城，莘县，鄄城。

第二组：潍坊(奎文、潍城、寒亭、坊子)，苍山，沂南，昌邑，昌乐，诸城，五莲，长岛，蓬莱，龙口，枣庄(台儿庄)，淄博(临淄2)，寿光*。

(3)　抗震设防烈度为7度，设计基本地震加速度值为0.10g。

第一组：烟台(莱山、芝罘、牟平)，威海，文登，高唐，荏平，定陶，成武。

第二组：烟台(福山)，枣庄(薛城、市中、峄城、山亭*)，淄博(张店、淄川、周村)，平原，东阿，平阴，梁山，郓城，巨野，曹县，广饶，博兴，高青，桓台，蒙阴，费县，微山，禹城，冠县，单县，夏津*，莱芜(莱城*、钢城)。

第三组：东营(东营、河口)，日照(东港、岚山)，沂源，招远，新泰，栖霞，莱州，平度，高密，垦利，淄博(博山)，滨州*，平邑*。

(4)　抗震设防烈度为6度，设计基本地震加速度值为0.05g。

第一组：荣成。

第二组：德州，宁阳，曲阜，邹城，鱼台，乳山，兖州。

第三组：济南(市中、历下、槐荫、天桥、历城、长清)，青岛(市南、市北、四方、黄岛、崂山、城阳、李沧)，泰安(泰山、岱岳)，济宁(市中、任城)，乐陵，庆云，无棣，阳信，宁津，沾化，利津，武城，惠民，商河，临邑，济阳，齐河，章丘，泗水，莱阳，海阳，金乡，滕州，莱西，即墨，胶南，胶州，东平，汶上，嘉祥，临清，肥城，陵县，邹平。

14. 河南省

(1)　抗震设防烈度为8度，设计基本地震加速度值为0.20g。

第一组：新乡(丑滨、红旗、凤泉、牧野)，新乡县，安阳(北关、文峰、殷都、龙安)，安阳县，淇县，卫辉，辉县，原阳，延津，获嘉，范县。

第二组：鹤壁(淇滨、山城*、鹤山*)，汤阴。

(2)　抗震设防烈度为7度，设计基本地震加速度值为0.15g。

第一组：台前，南乐，陕县，武陟。

第二组：郑州(中原、二七、管城、金水、惠济)，濮阳，濮阳县，长桓，封丘，修武，内黄，浚县，滑县，清丰，灵宝，三门峡，焦作(马村*)，林州*。

(3)　抗震设防烈度为7度，设计基本地震加速度值为0.10g。

第一组：南阳(卧龙、宛城)，新密，长葛，许昌*，许昌县*。

第二组：郑州(上街)，新郑，洛阳(西工、老城、渡河、涧西、吉利、洛龙*)，焦作(解放、山阳、中站)，开封(鼓楼、龙亭、顺河、禹王台、金明)，开封县，民权，兰考，孟州，孟津，巩义，偃师，沁阳，博爱，济源，荥阳，温县，中牟，杞县*。

(4)　抗震设防烈度为6度，设计基本地震加速度值为0.05g。

第一组：信阳(浉河、平桥)，漯河(郾城、源汇、召陵)，平顶山(新华、卫东、湛河、石龙)，汝阳，禹州，宝丰，鄢陵，扶沟，太康，鹿邑，郸城，沈丘，项城，淮阳，周口，商水，上蔡，临颍，西华，西平，栾川，内乡，镇平，唐河，邓州，新野，社旗，平舆，新县，驻马店，泌阳，汝南，桐柏，淮滨，息县，正阳，遂平，光山，罗山，潢川，商城，固始，南召，叶县*，舞阳*。

第二组：商丘(梁园、睢阳)，义马，新安，襄城，郏县，嵩县，宜阳，伊川，登封，柘城，尉氏，通许，虞城，夏邑，宁陵。

第三组：汝州，睢县，永城，卢氏，洛宁，渑池。

15. 湖北省

(1) 抗震设防烈度为 7 度，设计基本地震加速度值为 0.10g。

竹溪，竹山，房县。

(2) 抗震设防烈度为 6 度，设计基本地震加速度值为 0.05g。

武汉(江岸、江汉、硚口、汉阳、武昌、青山、洪山、东西湖、汉南、蔡甸、江厦、黄陂、新洲)，荆州(沙市、荆州)，荆门(东宝、掇刀)，襄樊(襄城、樊城、襄阳)，十堰(茅箭、张湾)，宜昌(西陵、伍家岗、点军、猇亭、夷陵)，黄石(下陆、黄石港、西塞山、铁山)，恩施，咸宁，麻城，团风，罗田，英山，黄冈，鄂州，浠水，蕲春，黄梅，武穴，郧西，郧县，丹江口，谷城，老河口，宜城，南漳，保康，神农架，钟祥，沙洋，远安，兴山，巴东，秭归，当阳，建始，利川，公安，宜恩，咸丰，长阳，嘉鱼，大冶，宜都，枝江，松滋，江陵，石首，监利，洪湖，孝感，应城，云梦，天门，仙桃，红安，安陆，潜江，通山，赤壁，崇阳，通城，五峰*，京山*。

注：全省县级及县级以上设防城镇，设计地震分组均为第一组。

16. 湖南省

(1) 抗震设防烈度为 7 度，设计基本地震加速度值为 0.15g。

常德(武陵、鼎城)。

(2) 抗震设防烈度为 7 度，设计基本地震加速度值为 0.10g。

岳阳(岳阳楼、君山)，岳阳县，汨罗，湘阴，临澧，澧县，津市，桃源，安乡，汉寿。

(3) 抗震设防烈度为 6 度，设计基本地震加速度值为 0.05g。

长沙(岳麓、芙蓉、天心、开福、雨花)，长沙县，岳阳(云溪)，益阳(赫山、资阳)，张家界(永定、武陵源)，郴州(北湖、苏仙)，邵阳(大祥、双清、北塔)，邵阳县，泸溪，沅陵，娄底，宜章，资兴，平江，宁乡，新化，冷水江，涟源，双峰，新邵，邵东，隆回，石门，慈利，华容，南县，临湘，沅江，桃江，望城，溆浦，会同，靖州，韶山，江华，宁远，道县，临武，湘乡*，安化*，中方*，洪江*。

注：全省县级及县级以上设防城镇，设计地震分组均为第一组。

17. 广东省

(1) 抗震设防烈度为 8 度，设计基本地震加速度值为 0.20g。

汕头(金平、濠江、龙湖、澄海)，潮安，南澳，徐闻，潮州。

(2) 抗震设防烈度为 7 度，设计基本地震加速度值为 0.15g。

揭阳，揭东，汕头(潮阳、潮南)，饶平。

(3) 抗震设防烈度为 7 度，设计基本地震加速度值为 0.10g。

广州(越秀、荔湾、海珠、天河、白云、黄埔、番禺、南沙、萝岗)，深圳(福田、罗湖、南山、宝安、盐田)，湛江(赤坎、霞山、坡头、麻章)，汕尾，海丰，普宁，惠来，阳江，阳东，阳西，茂名(茂南、茂港)，化州，廉江，遂溪，吴川，丰顺，中山，珠海(香洲、斗门、金湾)，电白，雷州，佛山(顺德、南海、禅城*)，江门(蓬江、江海、新会)*，陆丰*。

(4) 抗震设防烈度为 6 度，设计基本地震加速度值为 0.05g。

韶关(浈江、武江、曲江)，肇庆(端州、鼎湖)，广州(花都)，深圳(尤岗)，河源，揭西，东源，梅州，东莞，清远，清新，南雄，仁化，始兴，乳源，英德，佛冈，龙门，龙川，平远，从化，梅县，兴宁，五华，紫金，陆河，增城，博罗，惠州(惠城、惠阳)，惠东，四会，云浮，云安，高要，佛山(三水、高明)，鹤山，封开，郁南，罗定，信宜，新兴，开平，恩平，台山，阳春，高州，翁源，连平，和平，蕉岭，大埔，新丰。

注：全省县级及县级以上设防城镇，除大埔为设计地震第二组外，均为第一组。

18. 广西壮族自治区

(1) 设防烈度为 7 度，设计基本地震加速度值为 0.15g。

灵山，田东。

(2) 设防烈度为 7 度，设计基本地震加速度值为 0.10g。

玉林，兴业，横县，北流，百色，田阳，平果，隆安，浦北，博白，乐业*。

(3) 设防烈度为 6 度，设计基本地震加速度值为 0.05g。

南宁(青秀、兴宁、江南、西乡塘、良庆、邕宁)，桂林(象山、叠彩、秀峰、七星、雁山)，柳州(柳北、城中、鱼峰、柳南)，梧州(长洲、万秀、蝶山)，钦州(钦南、钦北)，贵港(港北、港南)，防城港(港口、防城)，北海(海城、银海)，兴安，灵川，临桂，永福，鹿寨，天峨，东兰，巴马，都安，大化，马山，融安，象州，武宣，桂平，平南，上林，宾阳，武鸣，大新，扶绥，东兴，合浦，钟山，贺州，藤县，苍梧，容县，岑溪，陆川，凤山，凌云，田林，隆林，西林，德保，靖西，那坡，天等，崇左，上思，龙州，宁明，融水，凭祥，全州。

注：全自治区县级及县级以上设防城镇，设计地震分组均为第一组。

19. 海南省

(1) 抗震设防烈度为 8 度，设计基本地震加速度值为 0.30g。

海口(龙华、秀英、琼山、美兰)。

(2) 抗震设防烈度为 8 度，设计基本地震加速度值为 0.20g。

文昌，定安。

(3) 抗震设防烈度为 7 度，设计基本地震加速度值为 0.15g。

澄迈。

(4) 抗震设防烈度为 7 度，设计基本地震加速度值为 0.10g。

临高，琼海，儋州，屯昌。

(5) 抗震设防烈度为 6 度，设计基本地震加速度值为 0.05g。

三亚，万宁，昌江，白沙，保亭，陵水，东方，乐东，五指山，琼中。

注：全省县级及县级以上设防城镇，除屯昌、琼中为设计地震第二组外，均为第一组。

20. 四川省

(1) 抗震设防烈度不低于 9 度，设计基本地震加速度值不小于 0.40g。

第二组：康定，西昌。

(2) 抗震设防烈度为8度，设计基本地震加速度值为0.30g。

第二组：冕宁*。

(3) 抗震设防烈度为8度，设计基本地震加速度值为0.20g。

第一组：茂县，汶川，宝兴。

第二组：松潘，平武，北川(震前)，都江堰，道孚，泸定，甘孜，炉霍，喜德，普格，宁南，理塘。

第三组：九寨沟，石棉，德昌。

(4) 抗震设防烈度为7度，设计基本地震加速度值为0.15g。

第二组：巴塘，德格，马边，雷波，天全，芦山，丹巴，安县，青州，江油，绵竹，什邡，彭州，理县，剑阁*。

第三组：荥经，汉源，昭觉，布拖，甘洛，越西，雅江，九龙，木里，盐源，会东，新龙。

(5) 抗震设防烈度为7度，设计基本地震加速度值为0.10g。

第一组：自贡(自流井、大安、贡井、沿滩)。

第二组：绵阳(涪城、游仙)，广元(利州、元坝、朝天)，乐山(市中、沙湾)，宜宾，宜宾县，峨边，沐川，屏山，得荣，雅安，中江，德阳，罗江，峨眉山，马尔康。

第三组：成都(青羊、锦江、金牛、武侯、成华、龙泽泉、青白江、新都、温江)，攀枝花(东区、西区、仁和)，若尔盖，色达，壤塘，石渠，白玉，盐边，米易，乡城，稻城，双流，乐山(金口轲、五通桥)，名山，美姑，金阳，小金，会理，黑水，金川，洪雅，夹江，邛崃，蒲江，彭山，丹棱，眉山，青神，郫县，大邑，崇州，新津，金堂，广汉。

(6) 抗震设防烈度为6度，设计基本地震加速度值为0.05g。

第一组：泸州(江阳、纳溪、龙马潭)，内江(市中、东兴)，宣汉，达州，达县，大竹，邻水，渠县，广安，华蓥，隆昌，富顺，南溪，兴文，叙永，古蔺，资中，通江，万源，巴中，阆中，仪陇，西充，南部，射洪，大英，乐至，资阳。

第二组：南江，苍溪，旺苍，盐亭，三台，简阳，泸县，江安，长宁，高县，珙县，仁寿，威远。

第三组：犍为，荣县，梓潼，筠连，井研，阿坝，红原。

21. 贵州省

(1) 抗震设防烈度为7度，设计基本地震加速度值为0.10g。

第一组：望谟。

第三组：威宁。

(2) 抗震设防烈度为6度，设计基本地震加速度值为0.05g。

第一组：贵阳(乌当、白云、小河、南明、云岩溪)，凯里，毕节，安顺，都匀，黄平，福泉，贵定，麻江镇，龙里，平坝，纳雍，织金，普定，六枝，镇宁，惠水顺，关岭，紫云，罗甸，兴仁，贞丰，安龙，金沙，赤水，习水，思南*。

第二组：六盘水，水城，册亨。

第三组：赫章，普安，晴隆，兴义，盘县。

22. 云南省

(1) 抗震设防烈度不低于 9 度，设计基本地震加速度值不小于 0.40g。

第二组：寻甸，昆明(东川)。

第三组：澜沧。

(2) 抗震设防烈度为 8 度，设计基本地震加速度值为 0.30g。

第二组：剑川，嵩明，宜良，丽江，玉龙，鹤庆，永胜，潞西，龙陵，石屏，建水。

第三组：耿马，双江，沧源，勐海，西盟，孟连。

(3) 抗震设防烈度为 8 度，设计基本地震加速度值为 0.20g。

第二组：石林，玉溪，大理，巧家，江川，华宁，峨山，通海，洱源，宾川，弥渡，祥云，会泽，南涧。

第三组：昆明(盘龙、五华、官渡、西山)，普洱(原思茅市)，保山，马龙，呈贡，澄江，晋宁，易门，漾濞，巍山，云县，腾冲，施甸，瑞丽，梁河，安宁，景洪，永德，镇康，临沧，凤庆*，陇川*。

(4) 抗震设防烈度为 7 度，设计基本地震加速度值为 0.15g。

第二组：香格里拉，泸水，大关，永善，新平。

第三组：曲靖，弥勒，陆良，富民，禄劝，武定，兰坪，云龙，景谷，宁洱(原普洱)，沾益，个旧，红河，元江，禄丰，双柏，开远，盈江，永平，昌宁，宁蒗，南华，楚雄，勐腊，华坪，景东*。

(5) 抗震设防烈度为 7 度，设计基本地震加速度值为 0.10g。

第二组：盐津，绥江，德钦，贡山，水富。

第三组：昭通，彝良，鲁甸，福贡，永仁，大姚，元谋，姚安，牟定，墨江，绿春，镇沅，江城，金平，富源，师宗，泸西，蒙自，元阳，维西，宣威。

(6) 抗震设防烈度为 6 度，设计基本地震加速度值为 0.05g。

第一组：威信，镇雄，富宁，西畴，麻栗坡，马关。

第二组：广南。

第三组：丘北，砚山，屏边，河口，文山，罗平。

23. 西藏自治区

(1) 抗震设防烈度不低于 9 度，设计基本地震加速度值不小于 0.40g。

第三组：当雄，墨脱。

(2) 抗震设防烈度为 8 度，设计基本地震加速度值为 0.30g。

第二组：申扎。

第三组：米林，波密。

(3) 抗震设防烈度为 8 度，设计基本地震加速度值为 0.20g。

第二组：普兰，聂拉木，萨嘎。

第三组：拉萨，堆龙德庆，尼木，仁布，尼玛，洛隆，隆子，错那，曲松，那曲，林芝(八一镇)，林周。

(4) 抗震设防烈度为 7 度，设计基本地震加速度值为 0.15g。

第二组：札达，吉隆，拉孜，谢通门，亚东，洛扎，昂仁。

第三组：日土，江孜，康马，白朗，扎囊，措美，桑日，加查，边坝，八宿，丁青，类乌齐，乃东，琼结，贡嘎，朗县，达孜，南木林，班戈，浪卡子，墨竹工卡，曲水，安多，聂荣，日喀则*，噶尔*。

(5) 抗震设防烈度为 7 度，设计基本地震加速度值为 0.10g。

第一组：改则。

第二组：措勤，仲巴，定结，芒康。

第三组：昌都，定日，萨迦，岗巴，巴青，工布江达，索县，比如，嘉黎，察雅，友贡，察隅，江达，贡觉。

(6) 抗震设防烈度为 6 度，设计基本地震加速度值为 0.05g。

第二组：革吉。

24. 陕西省

(1) 抗震设防烈度为 8 度，设计基本地震加速度值为 0.20g。

第一组：西安(未央、莲湖、新城、碑林、灞桥、雁塔、阎良*、临潼)，渭南，华县，华阴，潼关，大荔。

第三组：陇县。

(2) 抗震设防烈度为 7 度，设计基本地震加速度值为 0.15g。

第一组：咸阳(秦都、渭城)，西安(长安)，高陵，兴平，周至，户县，蓝田。

第二组：宝鸡(金台、渭滨、陈仓)，咸阳(杨凌特区)，千阳，岐山，凤翔，扶风，武功，眉县，三原，富平，澄城，蒲城，泾阳，礼泉，韩城，合阳，略阳。

第三组：凤县。

(3) 抗震设防烈度为 7 度，设计基本地震加速度值为 0.10g。

第一组：安康，平利。

第二组：洛南，乾县，勉县，宁强，南郑，汉中。

第三组：白水，淳化，麟游，永寿，商洛(商州)，太白，留坝，铜川(耀州、王益、印台*)，柞水*。

(4) 抗震设防烈度为 6 度，设计基本地震加速度值为 0.05g。

第一组：延安，清涧，神木，佳县，米脂，绥德，安塞，延川，延长，志丹，甘泉，商南，紫阳，镇巴，子长*，子洲*。

第二组：吴旗，富县，旬阳，白河，岚皋，镇坪。

第三组：定边，府谷，吴堡，洛川，黄陵，旬邑，洋县，西乡，石泉，汉阴，宁陕，城固，宜川，黄龙，宜君，长武，彬县，佛坪，镇安，丹凤，山阳。

25. 甘肃省

(1) 抗震设防烈度不低于 9 度，设计基本地震加速度值不小于 0.40g。

第二组：古浪。

(2) 抗震设防烈度为 8 度，设计基本地震加速度值为 0.30g。

第二组：天水(秦州、麦积)，礼县，西和。

第三组：白银(平川区)。

(3) 抗震设防烈度为 8 度，设计基本地震加速度值为 0.20g。

第二组：宕昌，肃北，陇南，成县，徽县，康县，文县。

第三组：兰州(城关、七里河、西固、安宁)，武威，永登，天祝，景泰，靖远，陇西，武山，秦安，清水，甘谷，漳县，会宁，静宁，庄浪，张家川，通渭，华亭，两当，舟曲。

(4) 抗震设防烈度为 7 度，设计基本地震加速度值为 0.15g。

第二组：康乐，嘉峪关，玉门，酒泉，高台，临泽，肃南。

第三组：白银(白银区)，兰州(红古区)，永靖，岷县，东乡，和政，广河，临潭，卓尼，迭部，临洮，渭源，皋兰，崇信，榆中，定西，金昌，阿克塞，民乐，永昌，平凉。

(5) 抗震设防烈度为 7 度，设计基本地震加速度值为 0.10g。

第二组：张掖，合作，玛曲，金塔。

第三组：敦煌，瓜洲，山丹，临夏，临夏县，夏河，碌曲，泾川，灵台，民勤，镇原，环县，积石山。

(6) 抗震设防烈度为 6 度，设计基本地震加速度值为 0.05g。

第三组：华池，正宁，庆阳，合水，宁县，西峰。

26. 青海省

(1) 抗震设防烈度为 8 度，设计基本地震加速度值为 0.20g。

第二组：玛沁。

第三组：玛多，达日。

(2) 抗震设防烈度为 7 度，设计基本地震加速度值为 0.15g。

第二组：祁连。

第三组：甘德，门泺，治多，玉树。

(3) 抗震设防烈度为 7 度，设计基本地震加速度值为 0.10g。

第二组：乌兰，称多，杂多，囊谦。

第三组：西宁(城中、城东、城西、城北)，同仁，共和，德令哈，海晏，湟源，湟中，平安，民和，化隆，贵德，尖扎，循化，格尔木，贵南，同德，河南，曲麻莱，久治，班玛，天峻，刚察，大通，互助，乐都，都兰，兴海。

(4) 抗震设防烈度为 6 度，设计基本地震加速度值为 0.05g。

第三组：泽库。

27. 宁夏回族自治区

(1) 抗震设防烈度为 8 度，设计基本地震加速度值为 0.30g。

第二组：海原。

(2) 抗震设防烈度为 8 度，设计基本地震加速度值为 0.20g。

第一组：石嘴山(大武口、惠农)，平罗。

第二组：银川(兴庆、金凤、西夏)，吴忠，贺兰，永宁，青铜峡，泾源，灵武，固原。

第三组：西吉，中宁，中卫，同心，隆德。

(3) 抗震设防烈度为 7 度，设计基本地震加速度值为 0.15g。

第三组：彭阳。

(4) 抗震设防烈度为 6 度，设计基本地震加速度值为 0.05g。

第三组：盐池。

28. 新疆维吾尔自治区

(1) 抗震设防烈度不低于9度，设计基本地震加速度值不小于0.40g。

第三组：乌恰，塔什库尔干。

(2) 抗震设防烈度为8度，设计基本地震加速度值为0.30g。

第三组：阿图什，喀什，疏附。

(3) 抗震设防烈度为8度，设计基本地震加速度值为0.20g。

第一组：巴里坤。

第二组：乌鲁木齐(天山、沙依巴克、新市、水磨沟、头屯河、米东)，乌鲁木齐县，温宿，阿克苏，柯坪，昭苏，特克斯，库车，青河，富蕴，乌什*。

第三组：尼勒克，新源，巩留，精河，乌苏，奎屯，沙湾，玛纳斯，石河子，克拉玛依(独山子)，疏勒，伽师，阿克陶，英吉沙。

(4) 抗震设防烈度为7度，设计基本地震加速度值为0.15g。

第一组：木垒*。

第二组：库尔勒，新和，轮台，和静，焉耆，博湖，巴楚，拜城，昌吉，阜康*。

第三组：伊宁，伊宁县，霍城，呼图壁，察布查尔，岳普湖。

(5) 抗震设防烈度为7度，设计基本地震加速度值为0.10g。

第一组：鄯善。

第二组：乌鲁木齐(达坂城)，吐鲁番，和田，和田县，吉木萨尔，洛浦，奇台，伊吾，托克逊，和硕，尉犁，墨玉，策勒，哈密*。

第三组：五家渠，克拉玛依(克拉玛依区)，博乐，温泉，阿合奇，阿瓦提，沙雅，图木舒克，莎车，泽普，叶城，麦盖提，皮山。

(6) 抗震设防烈度为6度，设计基本地震加速度值为0.05g。

第一组：额敏，和布克赛尔。

第二组：于田，哈巴河，塔城，福海，克拉玛依(马尔禾)。

第三组：阿勒泰，托里，民丰，若羌，布尔津，吉木乃，裕民，克拉玛依(白碱滩)，且末，阿拉尔。

29. 港澳特区和台湾省

(1) 抗震设防烈度不低于9度，设计基本地震加速度值不小于0.40g。

第二组：台中。

第三组：苗栗，云林，嘉义，花莲。

(2) 抗震设防烈度为8度，设计基本地震加速度值为0.30g。

第二组：台南。

第三组：台北，桃园，基隆，宜兰，台东，屏东。

(3) 抗震设防烈度为8度，设计基本地震加速度值为0.20g。

第三组：高雄，澎湖。

(4) 抗震设防烈度为7度，设计基本地震加速度值为0.15g。

第一组：香港。

(5) 抗震设防烈度为7度，设计基本地震加速度值为0.10g。

第一组：澳门。

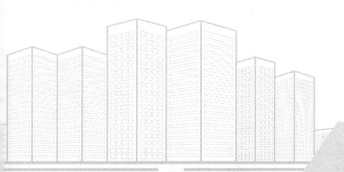

附录 D　全国部分城市的风压

省市名	城市名	海拔高度(m)	风压(kN/m²)		
			$n=10$	$n=50$	$n=100$
北京	北京市	54.0	0.30	0.45	0.50
天津	天津市	3.3	0.30	0.50	0.60
	塘沽	3.2	0.40	0.55	0.60
上海	上海市	2.8	0.40	0.55	0.60
重庆	重庆市	259.1	0.25	0.40	0.45
	奉节	607.3	0.25	0.35	0.45
	梁平	454.6	0.20	0.30	0.35
	万州	186.7	0.20	0.35	0.45
	涪陵	273.5	0.20	0.30	0.35
	金佛山	1905.9	—	—	—
河北	石家庄市	80.5	0.25	0.35	0.40
	邢台市	76.8	0.20	0.30	0.35
	张家口市	724.2	0.35	0.55	0.60
	怀来	536.8	0.25	0.35	0.40

省市名	城市名	海拔高度(m)	风压(kN/m²)		
			$n=10$	$n=10$	$n=10$
河北	承德市	377.2	0.30	0.40	0.45
	遵化	54.9	0.30	0.40	0.45
	秦皇岛市	2.1	0.35	0.45	0.50
	唐山市	27.8	0.30	0.40	0.45
	保定市	17.2	0.30	0.40	0.45
	沧州市	9.6	0.30	0.40	0.45
山西	太原市	778.3	0.30	0.40	0.45
	大同市	1067.2	0.35	0.55	0.65
	阳泉市	741.9	0.30	0.40	0.45
	榆社	1041.4	0.20	0.30	0.35
	临汾市	449.5	0.25	0.40	0.45
	长治县	991.8	0.30	0.50	0.60
	运城市	376.0	0.30	0.40	0.45
	阳城	659.5	0.30	0.45	0.15
内蒙古	呼和浩特市	1063.0	0.35	0.55	0.60
	乌兰浩特市	274.7	0.40	0.55	0.60
	阿拉善右旗	1510.1	0.45	0.55	0.60
	包头市	1067.2	0.35	0.55	0.60
	巴彦浩特	1561.4	0.40	0.60	0.70
	锡林浩特市	989.5	0.40	0.55	0.60
	赤峰市	571.1	0.30	0.55	0.65
辽宁	沈阳市	42.8	0.40	0.55	0.60
	清原	234.1	0.25	0.40	0.45
	朝阳市	169.2	0.40	0.55	0.60
	黑山	37.5	0.45	0.65	0.75
	锦州市	65.9	0.40	0.60	0.70
	鞍山市	77.3	0.30	0.50	0.60
	本溪市	185.2	0.35	0.45	0.50
	营口市	3.3	0.40	0.60	0.70
	丹东市	15.1	0.35	0.55	0.65
	大连市	91.5	0.40	0.65	0.75
吉林	长春市	236.8	0.45	0.65	0.75
	白城市	155.4	0.45	0.65	0.75
	四平市	164.2	0.40	0.55	0.60
	吉林市	183.4	0.40	0.50	0.55

省市名	城市名	海拔高度(m)	风压(kN/m^2)		
			n=10	n=10	n=10
吉林	敦化市	523.7	0.30	0.45	0.50
	延吉市	176.8	0.35	0.50	0.55
	长白	1016.7	0.35	0.45	0.50
黑龙江	哈尔滨市	142.3	0.35	0.55	0.65
	漠河	296.0	0.25	0.35	0.40
	塔河	296.0	0.25	0.35	0.40
	黑河市	166.4	0.35	0.50	0.55
	嫩江	242.2	0.40	0.55	0.60
	齐齐哈尔市	145.9	0.35	0.45	0.50
	伊春市	240.9	0.25	0.35	0.40
	鹤岗市	227.9	0.30	0.40	0.45
	佳木斯市	81.2	0.40	0.65	0.75
	鸡西市	233.6	0.40	0.55	0.65
	牡丹江市	241.4	0.35	0.50	0.55
山东	济南市	51.6	0.30	0.45	0.50
	德州市	21.2	0.30	0.45	0.50
	烟台市	46.7	0.40	0.55	0.60
	威海市	46.6	0.45	0.65	0.75
	泰安市	128.8	0.30	0.40	0.45
	沂源	304.5	0.30	0.35	0.40
	潍坊市	44.1	0.30	0.40	0.45
	莱阳市	30.5	0.30	0.40	0.45
	青岛市	76.0	0.45	0.60	0.70
	菏泽市	49.7	0.25	0.40	0.45
	兖州	51.7	0.25	0.40	0.45
	临沂	87.9	0.30	0.40	0.45
	日照市	16.1	0.30	0.40	0.45
江苏	南京市	8.9	0.25	0.40	0.45
	徐州市	41.0	0.25	0.35	0.40
	淮阳市	17.5	0.25	0.40	0.45
	镇江	26.5	0.30	0.40	0.45
	无锡	6.7	0.30	0.45	0.50
	泰州	6.6	0.25	0.40	0.45
	连云港	3.7	0.35	0.55	0.65
	盐城	3.6	0.25	0.45	0.55

省市名	城市名	海拔高度(m)	风压(kN/m²)		
			n=10	*n*=10	*n*=10
江苏	高邮	5.4	0.25	0.40	0.45
	南通市	5.3	0.30	0.45	0.50
	常州市	5.3	0.30	0.45	0.50
浙江	杭州市	41.7	0.30	0.45	0.50
	舟山市	35.7	0.50	0.85	1.00
	金华市	62.6	0.25	0.35	0.40
	宁波市	4.2	0.30	0.50	0.60
	衢州市	66.9	0.25	0.35	0.40
	温州市	6.0	0.35	0.60	0.70
安徽	合肥市	27.9	0.25	0.35	0.40
	亳州市	37.7	0.25	0.45	0.55
	宿县	25.9	0.25	0.40	0.50
	寿县	22.7	0.25	0.35	0.40
	蚌埠市	18.7	0.25	0.35	0.40
	滁县	25.3	0.25	0.35	0.40
	六安市	60.5	0.20	0.35	0.40
	霍山	68.1	0.20	0.35	0.40
	巢湖	22.4	0.25	0.35	0.40
	安庆市	19.8	0.25	0.40	0.45
	黄山	1840.4	0.50	0.70	0.80
	黄山市	142.7	0.25	0.35	0.40
江西	南昌市	46.7	0.30	0.45	0.55
	宜春市	131.3	0.20	0.30	0.35
	吉安	76.4	0.25	0.30	0.35
	赣州市	123.8	0.20	0.30	0.35
	九江	36.1	0.25	0.35	0.40
	庐山	1164.5	0.40	0.55	0.60
	景德镇市	61.5	0.25	0.35	0.40
福建	福州市	83.8	0.40	0.70	0.85
	邵武市	191.5	0.20	0.30	0.35
	建阳	196.9	0.25	0.35	0.40
	福鼎	36.2	0.35	0.70	0.90
	泰宁	342.9	0.20	0.30	0.35
	南平市	125.6	0.20	0.35	0.45
	上杭	197.9	0.25	0.30	0.35

省市名	城市名	海拔高度(m)	风压(kN/m²)		
			n=10	n=10	n=10
福建	永安市	206.0	0.25	0.40	0.45
	龙岩市	342.3	0.20	0.35	0.45
	屏南	896.5	0.20	0.30	0.35
	平潭	32.4	0.75	1.30	1.60
	崇武	21.8	0.55	0.80	0.90
	厦门市	139.4	0.50	0.80	0.90
	东山	53.3	0.80	1.25	1.45
陕西	西安市	397.5	0.25	0.35	0.40
	榆林市	1057.5	0.25	0.40	0.45
	吴旗	1272.6	0.25	0.40	0.50
	横山	1111.0	0.30	0.40	0.45
	绥德	929.7	0.30	0.40	0.45
	延安市	957.8	0.25	0.35	0.40
	长武	1206.5	0.20	0.30	0.35
	洛川	1158.3	0.25	0.35	0.40
	铜川市	978.9	0.20	0.35	0.40
	宝鸡市	612.4	0.20	0.35	0.40
	武功	447.8	0.20	0.35	0.40
	华阴县华山	2064.9	0.40	0.50	0.55
	略阳	794.2	0.25	0.35	0.40
	汉中市	508.4	0.20	0.30	0.35
	佛坪	1087.7	0.25	0.30	0.35
	商州市	742.2	0.25	0.30	0.35
	镇安	693.7	0.20	0.30	0.35
	石泉	484.9	0.20	0.30	0.35
	安康市	290.8	0.30	0.45	0.50
甘肃	兰州市	1517.2	0.20	0.30	0.35
	酒泉市	1477.2	0.40	0.55	0.60
	武威市	1530.9	0.35	0.55	0.65
	民勤	1367.0	0.40	0.50	0.55
	乌鞘岭	3045.1	0.35	0.40	0.45
	靖远	1398.2	0.20	0.30	0.35
	临洮	1886.6	0.20	0.30	0.35
	平凉市	1346.6	0.25	0.30	0.35
	西峰镇	1421.0	0.20	0.30	0.35
	天水市	1141.7	0.20	0.35	0.40

续表

省市名	城市名	海拔高度(m)	风压(kN/m²)		
			$n=10$	$n=10$	$n=10$
宁夏	银川市	1111.4	0.40	0.65	0.75
	盐池	1347.8	0.30	0.40	0.45
	海源	1854.2	0.25	0.30	0.35
	同心	1343.9	0.20	0.30	0.35
	固原	1753.0	0.25	0.35	0.40
青海	西宁	2261.2	0.25	0.35	0.40
	冷湖	2733.0	0.40	0.55	0.60
	祁连县	2787.4	0.30	0.35	0.40
	格尔木市	2807.6	0.30	0.40	0.45
	都兰	3191.1	0.30	0.45	0.55
	贵德	2237.1	0.25	0.30	0.35
	民和	1813.9	0.20	0.30	0.35
	唐古拉山五道梁	4612.2	0.35	0.45	0.50
	兴海	3323.2	0.25	0.35	0.40
	同德	3289.4	0.25	0.30	0.35
	泽库	3662.8	0.25	0.30	0.35
	玉树	3681.2	0.20	0.30	0.35
新疆	乌鲁木齐市	917.9	0.40	0.60	0.70
	阿勒泰市	735.3	0.40	0.70	0.85
	阿拉山口	284.8	0.95	1.35	1.55
	克拉玛依市	427.3	0.65	0.90	1.00
	伊宁市	662.5	0.40	0.60	0.70
	昭苏	1851.0	0.25	0.40	0.45
	达板城	1103.5	0.55	0.80	0.90
	吐鲁番市	34.5	0.50	0.85	1.00
	阿克苏市	1103.8	0.30	0.45	0.50
	库尔勒	931.5	0.30	0.45	0.50
	喀什	1288.7	0.35	0.55	0.65
	和田	1374.6	0.25	0.40	0.45
	哈密	737.2	0.40	0.60	0.70
河南	郑州市	110.4	0.30	0.45	0.50
	安阳市	75.5	0.25	0.45	0.55
	新乡市	72.7	0.30	0.40	0.45
	三门峡市	410.1	0.25	0.40	0.45
	孟津	323.3	0.30	0.45	0.50

省市名	城市名	海拔高度(m)	风压(kN/m²)		
			n=10	n=10	n=10
河南	洛阳市	137.1	0.25	0.40	0.45
	许昌市	66.8	0.30	0.40	0.45
	开封市	72.5	0.30	0.45	0.50
	西峡	250.3	0.25	0.35	0.40
	南阳市	129.2	0.25	0.35	0.40
	宝丰	136.4	0.25	0.35	0.40
	西华	52.6	0.25	0.45	0.55
	驻马店市	82.7	0.25	0.40	0.45
	信阳市	114.5	0.25	0.35	0.55
	商丘市	50.1	0.20	0.35	0.45
湖北	武汉市	23.3	0.25	0.35	0.40
	枣阳	125.5	0.25	0.40	0.45
	恩施市	457.1	0.20	0.30	0.35
	宜昌市	133.1	0.20	0.30	0.35
	荆州	32.6	0.20	0.30	0.35
	天门市	34.1	0.20	0.30	0.35
	来凤	459.5	0.20	0.30	0.35
	黄石市	19.6	0.25	0.35	0.40
湖南	长沙市	44.9	0.25	0.35	0.40
	桑植	322.2	0.20	0.30	0.35
	岳阳市	53.0	0.25	0.40	0.50
	吉首市	206.6	0.20	0.30	0.35
	沅陵	151.6	0.20	0.30	0.35
	常德市	35.0	0.25	0.40	0.50
	安化	128.3	0.20	0.30	0.35
	沅江市	36.0	0.25	0.40	0.45
	平江	106.3	0.20	0.30	0.35
	邵阳市	248.6	0.20	0.30	0.20
	双峰	100.0	0.20	0.30	0.35
	南岳	1265.9	0.60	0.75	0.85
	零陵	172.6	0.25	0.40	0.45
	衡阳市	103.2	0.25	0.40	0.45
	道县	192.2	0.25	0.35	0.40
	郴州市	184.9	0.20	0.30	0.35

续表

省市名	城市名	海拔高度(m)	风压(kN/m²)		
			$n=10$	$n=10$	$n=10$
广东	广州市	6.6	0.30	0.50	0.60
	韶关	69.3	0.20	0.35	0.45
	河源	40.6	0.20	0.30	0.35
	惠阳	22.4	0.35	0.55	0.60
	汕头市	1.1	0.50	0.80	0.95
	深圳市	18.2	0.45	0.75	0.90
	汕尾	4.6	0.50	0.85	1.00
	湛江市	25.3	0.50	0.85	0.95
	阳江	23.3	0.45	0.70	0.80
广西	南宁市	73.1	0.25	0.35	0.40
	桂林市	164.4	0.20	0.30	0.35
	柳州市	96.8	0.20	0.30	0.35
	百色市	173.5	0.25	0.45	0.55
	梧州市	114.8	0.20	0.30	0.35
	玉林	81.8	0.20	0.30	0.35
	北海市	15.3	0.45	0.75	0.90
海南	海口市	14.1	0.45	0.75	0.90
	琼中	250.9	0.30	0.45	0.55
	琼海	24.0	0.50	0.85	1.05
	三亚市	5.5	0.50	0.85	1.05
	西沙岛	4.7	1.05	1.80	2.20
	珊瑚岛	4.0	0.70	1.10	1.30
四川	成都市	506.1	0.20	0.30	0.35
	甘孜	3393.5	0.35	0.45	0.50
	都江堰市	706.7	0.20	0.35	0.35
	绵阳市	470.8	0.20	0.30	0.35
	雅安市	627.6	0.20	0.30	0.35
	资阳	357.0	0.20	0.30	0.35
	康定	2615.7	0.30	0.35	0.40
	汉源	795.9	0.20	0.30	0.35
	宜宾市	340.8	0.20	0.30	0.35
	西昌市	1590.9	0.20	0.30	0.35
	万源	674.0	0.20	0.30	0.35
	阆中	382.6	0.20	0.30	0.35
	达县市	310.4	0.20	0.35	0.45

省市名	城市名	海拔高度(m)	风压(kN/m²)		
			$n=10$	$n=10$	$n=10$
四川	遂宁市	278.2	0.20	0.30	0.35
	南充市	309.3	0.20	0.30	0.35
	内江市	347.1	0.25	0.40	0.50
	泸州市	334.8	0.20	0.30	0.35
贵州	贵阳市	1074.3	0.20	0.30	0.35
	毕节	1510.6	0.20	0.30	0.35
	遵义市	843.9	0.20	0.30	0.35
	铜仁	279.7	0.20	0.30	0.35
	罗甸	440.3	0.20	0.30	0.35
云南	昆明市	1891.4	0.20	0.30	0.35
	贡山	1591.3	0.20	0.30	0.35
	昭通市	1949.5	0.25	0.35	0.40
	丽江	2393.2	0.25	0.30	0.35
	腾冲	1654.6	0.20	0.30	0.35
	保山市	1653.5	0.20	0.30	0.35
	大理市	1990.5	0.45	0.65	0.75
	玉溪	1636.7	0.20	0.30	0.35
西藏	拉萨市	3658.0	0.20	0.30	0.35
	那曲	4507.0	0.30	0.45	0.50
台湾	台北	8.0	0.40	0.70	0.85
	新竹	8.0	0.50	0.80	0.95
	宜兰	9.0	1.10	1.85	2.30
	台中	78.0	0.50	0.80	0.90
	花莲	14.0	0.40	0.70	0.85
	嘉义	20.0	0.50	0.80	0.95
	马公	22.0	0.85	1.30	1.55
	冈山	10.0	0.55	0.80	0.95
	台东	10.0	0.65	0.90	1.05
	恒春	24.0	0.70	1.05	1.20
	阿里山	2406.0	0.25	0.35	0.40
	台南	14.0	0.60	0.85	1.00
香港	香港	50.0	0.80	0.90	0.95
	横澜岛	55.0	0.95	1.25	1.40
澳门	澳门	57.0	0.75	0.85	0.90

参 考 文 献

[1] 中华人民共和国住房和城乡建设部. 建筑结构荷载规范(GB 50009—2012)[S]. 北京：中国建筑工业出版社，2012.

[2] 中华人民共和国住房和城乡建设部. 混凝土结构设计规范(GB 50010—2010)[S]. 北京：中国建筑工业出版社，2011.

[3] 中华人民共和国住房和城乡建设部. 结构抗震设计规范(GB 50011—2010)[S]. 北京：中国建筑工业出版社，2010.

[4] 中华人民共和国住房和城乡建设部. 建筑地基基础设计规范(GB 50007—2011)[S]. 北京：中国建筑工业出版社，2012.

[5] 中华人民共和国住房和城乡建设部. 高层建筑混凝土结构技术规程(JGJ 3—2010)[S]. 北京：中国建筑工业出版社，2011.

[6] 中华人民共和国住房和城乡建设部. 砌体结构设计规范(GB 50003—2011)[S]. 北京：中国建筑工业出版社，2012.

[7] 中国建筑科学研究院 PKPM CAD 工程部. PMCAD 结构平面 CAD 软件用户手册. 2018.

[8] 中国建筑科学研究院 PKPM CAD 工程部. SATWE 多层及高层建筑结构空间有限元分析与设计软件(墙元模型)用户手册. 2018.

[9] 中国建筑科学研究院 PKPM CAD 工程部. 结构施工图设计(梁、板、柱及墙)用户手册. 2018.

[10] 中国建筑科学研究院 PKPM CAD 工程部. JCCAD 独基、条基、钢筋混凝土地基梁、桩基础和筏板基础设计软件用户手册. 2018.

[11] 中国建筑科学研究院 PKPM CAD 工程部. LTCAD 普通楼梯及异型楼梯 CAD 软件用户手册. 2018.

[12] 杨星. PKPM 结构软件从入门到精通[M]. 北京：中国建筑工业出版社，2008.

[13] 李星荣，张守斌. PKPM 结构系列软件应用与设计实例[M]. 北京：机械工业出版社，2007.

[14] 周俐俐. 多层钢筋混凝土框架结构设计实例详解——手算与 PKPM 应用[M]. 北京：中国水利水电出版社，2008.

[15] 陈岱林，赵兵，刘民易. PKPM 结构 CAD 软件问题解惑及工程应用实例解析[M]. 北京：中国建筑工业出版社，2008.

[16] 李永康，马国祝. PKPM 2010 结构 CAD 软件应用与结构设计实例[M]. 北京：机械工业出版社，2012.

[17] 张宇鑫，刘海成，张星源. PKPM 结构设计应用[M]. 上海：同济大学出版社，2006.

[18] 刘林，金新阳. PKPM 软件混凝土结构设计入门[M]. 北京：中国建筑工业出版社，2009.